コンパクトシリーズ　流れ

流体シミュレーションのヒント集

河村哲也　著

インデックス出版

Preface

　気体と液体は，どちらも固体のように決まった形をもたず，自由に変形し，どのような形の容器でも満たすことができるといったように性質が似ているため，まとめて流体とよんでいます．流体の運動など力学的な性質を調べる分野が流体力学であり，われわれは空気や水といった流体に取り囲まれて生活しているため，実用的にも非常に重要です．

　流体力学はいわば古典物理学に分類され，基礎になる法則は単純で質量保存，運動量保存，エネルギー保存の各法則です．これらを数式を使って表現したものが基礎方程式ですが，流体が自由に変形するという性質をもつため非線形の偏微分方程式になります．その結果，数学的な取扱いは著しく困難になります．一方，現実に流体は運動していますので，解はあるはずで，実用的な重要性から，近似的にでもよいので解を求める努力がなされてきました．

　特に 1960 年代にコンピュータが実用化され，それ以降，流体の基礎方程式をコンピュータを使って数値的に解くという，数値流体力学の分野が急速に発展してきました．そして，現在の流体力学の主流は数値流体力学といえます．さらに，数値流体力学の成果を使って流体解析を行えるソフトウェアも，高価なものからフリーのものまで多く存在します．ただし，そういったソフトウェアを用いる場合，理屈や中身を理解しているのといないのでは大違いであり，単純に出力された結果を鵜呑みにすると大きな間違いをしてしまうといった危険性もあります．

　このようなことからも数値流体力学の書籍は多く出版されていますが，分厚いものが多く初歩の段階では敷居が高いのも確かです．そこで，本シリーズの目的は数値流体力学およびその基礎である流体力学を簡潔に紹介し，その内容を理解していただくとともに，簡単なプログラムを自力で組めるようにいていただくことにあります．具体的には本シリーズは

1. 流体力学の基礎
2. 流体シミュレーションの基礎
3. 流体シミュレーションの応用 I
4. 流体シミュレーションの応用 II
5. 流体シミュレーションのヒント集

の5冊および別冊（流れの話）からなります．1．は数値流体力学の基礎としての流体力学の紹介ですが，単体として流体力学の教科書としても使えるようにしています．2．については，本文中に書かれていることを理解し，具体的に使えば，最低限の流れの解析ができるようになるはずです．流体の方程式のみならず常微分方程式や偏微分方程式の数値解法の教科書としても使えます．3．は少し本格的な流体シミュレーションを行うための解説書です．2．と3．では応用範囲の広さから，取り扱う対象を非圧縮性流れに限定しましたが，4．は圧縮性流れおよびそれと性質が似た河川の流れのシミュレーションを行うための解説書です．また5．では走行中の電車内のウィルスの拡散のシミュレーションなど興味ある（あるいは役立つ）流体シミュレーションの例をおさめています．そして，それぞれ読みやすさを考慮して，各巻とも 80 〜 90 ページ程度に抑えてあります．またページ数の関係で本に含めることができなかったいくつかのプログラムについてはインデックス出版のホームページからダウンロードできるようにしています．なお，別冊「流れの話」では流体力学のごく初歩的な解説，コーシーの定理など複素関数論と流体力学の関係，著者と数値流体力学のかかわりなどを記しています．

　本シリーズによって読者の皆様が，流体力学の基礎を理解し，数値流体力学を使って流体解析ができることの一助になることを願ってやみません．

河村 哲也

＜追記＞

　著者は四半世紀近くお茶の水女子大学に在職していましたが，その間に多数の卒論，修論，博論の指導してきました．本書に載せた研究例はその中から選んだものです．多くの優れた研究がありましたが，わかりやすいものや画像の残っているもの，本書の内容に合ったものを選びました．本文の注にも記しましたが具体的には，1 章は寺町幸希子さん，6 章は佐々木桃さん，7 章は鬼岩あかりさん，8 章は桑名杏奈さん，9 章は篠原亜紀子さん，土屋なお子さんの研究がもとになっています．特に佐々木さん，土屋さんの研究に関しては本人の書いた文章もかなり借用させていただきました．ここに記して感謝の意を表します．その他，載せるべき研究は山ほどありましたが，ページ数の関係で割愛しました．多くの卒業生や修了生に感謝したいと思います．

Contents

Part II
シミュレーションの例

Part I
シミュレーションの方法

Chapter 1

音波の計算

　音波の計算については「流体シミュレーションの応用Ⅱ」の付録でも述べましたが，精度が要求されること，および現実問題に適用する場合には領域が広いことが多いこと，したがって必要とされる格子数が膨大になるといった難しさがあります．計算精度を上げるためには差分近似に用いる格子点を増やせばよいのですが，境界における取扱いが難しくなります．一方，少数の格子点で高精度の差分近似を行う方法に陰的な差分という考え方があります．他のシリーズでは言及しなかったため，本章で簡単に紹介します．また，音響の計算において，ある特定部分の情報が必要であっても仮想的に設けた境界での反射の影響を少なくするため，領域を必要以上に広くとる必要があります．この問題は，音波を完全に吸収する壁面境界をつくることができれば解決します．そこで，完全吸収をかなりよく実現できる PML 法についても簡単に紹介します．

1.1　基礎方程式と高精度差分法

　「流体シミュレーションの応用Ⅱ」の付録では音波の基礎方程式として 3 次元波動方程式を用いる方法を示しました．別の方法として，波動方程式のもとになる**線形化オイラー方程式**

$$\rho_0 \frac{\partial \boldsymbol{v}}{\partial t} = -\nabla p \tag{1.1}$$

$$\frac{1}{\rho_0 c^2} \frac{\partial p}{\partial t} = -\nabla \cdot \boldsymbol{v} + Q \tag{1.2}$$

を直接解くことも考えられます．ここで p は基準圧力からの差，$\boldsymbol{v}$ は流速ベクトル，Q は音源（体積速度）を表します．また ρ_0 は平均密度，c は音速で，方程式を無次元化する場合には両方とも 1 にとりますが，以下では無次元化することにします．音源については，たとえば一点 (x_0, y_0, z_0) にあり，時間に関して正弦関数的に振動し，空間に関して指数関数的に減衰する場合には

$$Q = A\sin(\omega t + b)\exp\left(-(x - x_i)^2 - (y - y_i)^2 - (z - z_i)^2\right) \qquad (1.3)$$

とします．ここで A は音源の強さを表します．

式 (1.1), (1.2) を見てもわかるように基礎方程式には 1 階微分が現れますが，ある関数 f の 1 階微分を，陰的に評価して少ない格子点でも高精度の近似を得るという陰的な差分法があり，**コンパクト差分法**とよばれています．具体的にはスタガード格子を用いて

$$\alpha f'_{i+1} + f'_i + \alpha f'_{i-1} = b\frac{f_{i+3/2} - f_{i-3/2}}{3h} + a\frac{f_{i+1/2} - f_{i-1/2}}{h} + c \qquad (1.4)$$

$$a = \frac{3}{8}(3 - 2\alpha), \quad b = \frac{22\alpha - 1}{8}, \quad c = \frac{9 - 62\alpha}{1920}h^4 f^{(5)}$$

と近似した場合には 4 次精度になります．特に $\alpha = 1/22$ にとることにより最も少ない格子点で差分近似式が構成できます．また，$\alpha = 9/62$ のとき誤差項 c はなくなり 6 次精度になります．式 (1.4) を各格子点でつくり，境界での微分値を与えて左辺の未知数に対する 3 項方程式を解くことによって関数 f の 1 階微分の値 f' が求まります．

この方法を x, y, z 方向に適用することにより式 (1.1), (1.2) の空間微分が 4 次精度で近似できます．時間微分に関してはルンゲ・クッタ法を用います．なお，2 次元の場合の圧力と速度成分の評価点は図 1.1 のようになります．3 次元の場合も同様です．

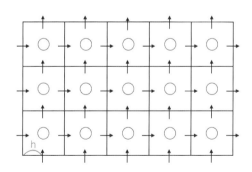

図 1.1　スタガード格子（2次元）

もちろん陽的な差分法を用いることもできます．その場合のメリットとしては不等間隔の格子でも手軽に差分近似式をつくれることがあげられます．境界

図 1.2 ４次精度差分近似に対する格子点

を遠方にとる必要がある場合には不等間隔格子が有効になります．具体的には「流体シミュレーションの基礎」の付録 A で述べた方法を用います．４次精度の近似式をつくるためには図 1.2 に示すような格子点を用いて

$$df/dx = af(x+p) + bf(x+q) + ef(x) + cf(x-r) + df(x-s) \quad (1.5)$$

とおいた上で右辺の各項を x のまわりにテイラー展開すれば，係数として

$$
\begin{aligned}
a &= \frac{qrs}{p(p-q)(s+p)(r+p)} \\
b &= -\frac{prs}{q(p-q)(s+q)(r+q)} \\
c &= -\frac{pqs}{r(r-s)(r+p)(r+q)} \\
d &= \frac{pqr}{s(r-s)(s+p)(s+q)} \\
e &= -(a+b+c+d)
\end{aligned}
\qquad (1.6)
$$

ととった場合に４次精度になることがわかります．

1.2　無反射境界条件

　音波の伝搬をシミュレーションするとき，たとえ音源近くの様子が知りたい場合でも，境界からの反射の影響を少なくするために境界を遠くにとる必要があります．

　その場合，等間隔の格子を用いると格子数は膨大になるため，それを避けるには不等間隔の格子を用います．別の方法としては反射がないような境界条件を課して音波を通り抜けさせれば，狭い領域で計算できます．その１つの方法として「流体シミュレーションの応用 II」の付録で述べたように境界で

$$\left(\frac{\partial}{\partial x} - \frac{\partial}{\partial t}\right)\rho = 0 \qquad (1.6)$$

を課すというのがあります. しかし, この条件は近似的なもので反射波を完全には取り除けません.

より有効な方法に **PML** (Perfect Matched Layer) **法**[*1]があります. この方法はもともと電磁波の解析に用いられたものですが音波の問題にも適用できます[*2]. 考え方としては解析したい領域を取り囲むように音波の吸収層をつくりそこに伝わった波を効率的に減衰させるというものです.

具体的には吸収層内では基礎方程式に補正項 $\boldsymbol{v}_1 = (u_1, v_1, w_1)$, p_1 を加えた

$$\frac{\partial \boldsymbol{v}}{\partial t} = -\nabla p - \boldsymbol{v}_1 \tag{1.7}$$

$$\frac{\partial p}{\partial t} = -\nabla \cdot \boldsymbol{v} + Q - p_1 \tag{1.8}$$

を解きます. ここで

$$u_1 = m_4 u + n_4 \int u\,dt + n_5 \int\left(\int u\,dt\right)dt + m_1 \frac{\partial}{\partial x}\int p\,dt + n_1 \frac{\partial}{\partial x}\int\left(\int p\,dt\right)dt$$

$$v_1 = m_4 v + n_4 \int v\,dt + n_5 \int\left(\int v\,dt\right)dt + m_2 \frac{\partial}{\partial y}\int p\,dt + n_2 \frac{\partial}{\partial y}\int\left(\int p\,dt\right)dt$$

$$w_1 = m_4 w + n_4 \int w\,dt + n_5 \int\left(\int w\,dt\right)dt + m_3 \frac{\partial}{\partial z}\int p\,dt + n_3 \frac{\partial}{\partial z}\int\left(\int p\,dt\right)dt$$

$$p_1 = m_4 p + n_4 \int p\,dt + n_5 \int\left(\int u\,dt\right)dt + m_1 \frac{\partial}{\partial x}\int p\,dt + n_1 \frac{\partial}{\partial x}\int\left(\int p\,dt\right)dt$$

$$+ m_2 \frac{\partial}{\partial y}\int p\,dt + n_2 \frac{\partial}{\partial y}\int\left(\int p\,dt\right)dt + m_3 \frac{\partial}{\partial z}\int p\,dt + n_3 \frac{\partial}{\partial z}\int\left(\int p\,dt\right)dt$$

であり, 式に現れるパラメータとして

$$m_1 = \sigma_y + \sigma_z, \quad n_1 = \sigma_y \sigma_z$$
$$m_2 = \sigma_z + \sigma_x, \quad n_2 = \sigma_z \sigma_x$$
$$m_3 = \sigma_x + \sigma_y, \quad n_3 = \sigma_x \sigma_y$$
$$m_4 = (m_1 + m_2 + m_3)/2, \quad n_4 = n_1 + n_2 + n_3, \quad n_5 = \sigma_x \sigma_y \sigma_z$$

[*1] Berenger, J-P. "A Perfectly Matched Layer for the Absorption of Electomagnetic Waves" Journal of Computational Physics 114, 185-200(1994).

[*2] Tam, C.K.W. T. "Computational Acoustics : A Wave Number Approach (Cambridge Aerospace Series)", Cambridge University Press(2012).

をとります．ただし，$\sigma_x, \sigma_y, \sigma_z$ はそれぞれ x, y, z 方向の吸収率でたとえば 0.4 などとします．また吸収層の厚さは領域の大きさの $10 \sim 20\%$ 程度とします．

1.3　計算例

上記の方法で計算した音波のシミュレーションの例を示します[*3]．取り上げたのは回転する音源から発生する音波で，具体的には風車騒音の伝播の簡単なモデルです．本来は風車のブレードが風を切ることにより音が発生しますがそのシミュレーションは難しいため，ここでは風車の先端に音源を設置しています．風車としては図 1.3(a) に示す**プロペラ型風車**と図 1.3(b) に示す**垂直軸直線風車**を想定し，風車の回転とともに音源も回転するとしています．図 1.4 に計算領域と音源を示しています．

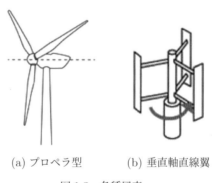

(a) プロペラ型　　　　(b) 垂直軸直線翼

図 1.3　各種風車

計算方法はプロペラ風車に対しては，図 1.4(a) に示す狭い領域で $200 \times 200 \times 100$ の等間隔格子を用い，図の下面は地面を想定して反射条件，他の領域では PML 境界条件を課してします．吸収層の厚さは 30 格子で，1.2 節で述べた吸収に関係するパラメータとして $\sigma_x = \sigma_y = \sigma_z = 0.4$ にとっています．空間方向には 4 次精度のコンパクト差分，時間積分には 4 次精度ルンゲ・クッタ法を用いています．風車が 1 回転するとき音源は 2 回振動するとしています．

[*3] 寺町幸希子：令和元年度お茶の水女子大学大学院理学研究科修士論文．

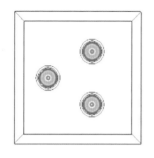
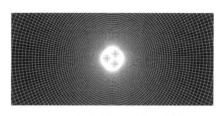

(a) プロペラ風車の音源と計算領域　　　　　(b) 垂直軸型風車の音源と格子

図 1.4　音源の位置

　鉛直軸風車に対しては，円柱座標系における基礎方程式

$$\frac{\partial v_r}{\partial t} = -\frac{\partial p}{\partial t}$$
$$\frac{\partial v_\theta}{\partial t} = -\frac{1}{r}\frac{\partial p}{\partial t}$$
$$\frac{\partial v_z}{\partial t} = -\frac{\partial p}{\partial t}$$
$$\frac{\partial v_r}{\partial t} = -\frac{\partial p}{\partial t}$$
$$\frac{\partial p}{\partial t} = -\left(\frac{\partial v_r}{\partial r} + \frac{1}{r}\frac{\partial v_\theta}{\partial \theta} + \frac{\partial v_z}{\partial z}\right) + Q \tag{1.10}$$

を用い，半径方向に外側に向かうほど粗くなる不等間隔格子を使って遠方境界
を十分に遠く（音源間の距離の 36 倍）にとった上で，4 次精度の陽的な差分
近似式 (1.5)，(1.6) で近似しています．格子数は $200 \times 200 \times 100$ です．また，
前と同様に時間積分には 4 次精度ルンゲ・クッタ法を用い，風車が 1 回転する
とき音源は 2 回振動するとしています．
　図 1.5 はプロペラ風車が 3/4 回転したときの瞬間的な圧力分布（風車前方か
ら見た図）を示しています．地面からは反射波が発生していますが，他の境界
では反射が起きず，波が領域から外にぬけていることがわかります．
　図 1.6 は垂直軸風車の結果でやはり 3/4 回転したときのの瞬間的な圧力分布
（風車上方から見た図）で風車近くと，遠方まで含めた図を表示しています．

図 1.5　プロペラ風車の計算結果（等圧線）

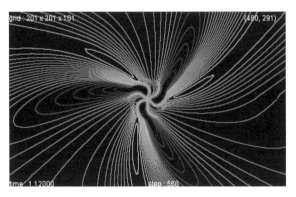

(a) 音源近く

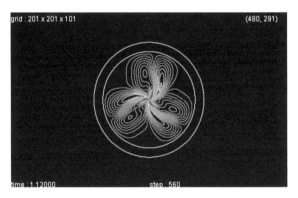

(b) 遠方まで

図 1.6　垂直軸直線風車の計算結果（等圧線）

Chapter 2

細長い領域内の流れ

　河川の流れや血管内の血液の流れなど細長い領域内での非圧縮性流れは多数存在します．このような流れをシミュレーションする場合には，特に連続の式を精度よく満たすことが重要になります．3次元の流れでは流れ関数 – 渦度法は使えないため，MAC 法やフラクショナルステップ法を用いますが，圧力に関するポアソン方程式の収束条件を厳しくとる必要があります．そのため，特に拍動流など非定常な流れでは計算時間が増大します．本章では流れが特定方向に顕著な場合に適用できる効率的な計算法を紹介します．

2.1　直線に近い細長い領域

　非圧縮性の流体をイメージするためには固い物質を想像します．たとえば径が一定の細長いまっすぐな管に**非圧縮性流体**が満たされている状態は，管に鋼棒が入っている状態に近くなります．管の一端を動かして棒を押し込むと管内の棒は同じ速さで動き，もう一端からそのまま出ます．そのときの時間差はありません．非圧縮性流体の場合には管壁から境界層が発達して，中央付近の速さは速くなりますが，ともかく一瞬にして出口まで流体は動き出します．そこで，こういった非圧縮性流れをシミュレーションするには，棒の速度が一瞬で伝わるということを使えば効率よく計算できると考えられます．言いかえれば速度を1次元的な**主流速度**とそれからの「ずれ」と考え，「ずれ」に対する方程式を解きます．実際の速度はこの「ずれ」に主流速度を足したものになります．以下，このことを式を使って説明します．

　まず1次元（具体的には細長い方向で x 方向）のナビエ・ストークス方程式

$$\frac{\partial u}{\partial x} = 0 \tag{2.1}$$

$$\frac{\partial u}{\partial t} + u \frac{\partial u}{\partial x} = -\frac{\partial p}{\partial x} + \frac{1}{Re} \frac{\partial^2 u}{\partial x^2} \tag{2.2}$$

を考えます．式 (2.1)（連続の式）を用いると，式 (2.2)（運動方程式）は

$$\frac{\partial u}{\partial t} = -\frac{\partial p}{\partial x} \tag{2.3}$$

となります．式 (2.1) から u は時間 t のみの関数 $f(t)$ であることがわかるため，式 (2.3) を用いれば

$$f'(t) = -\frac{\partial p}{\partial x} \quad より \quad p = -f'x + C$$

となります．したがって，

$$u = f(t) + \hat{u}, \quad p = -f'x + C + \hat{p} \tag{2.4}$$

とおいて，2 次元のナビエ・ストークス方程式に代入すれば $\hat{u}, v, \hat{p}$ に関する方程式

$$\frac{\partial \hat{u}}{\partial x} + \frac{\partial v}{\partial y} = 0 \tag{2.5}$$

$$\frac{\partial \hat{u}}{\partial t} + (f + \hat{u})\frac{\partial \hat{u}}{\partial x} + v\frac{\partial \hat{u}}{\partial y} = f' - \frac{\partial \hat{p}}{\partial x} + \frac{1}{Re}\left(\frac{\partial^2 \hat{u}}{\partial x^2} + \frac{\partial^2 \hat{u}}{\partial y^2}\right) \tag{2.6}$$

$$\frac{\partial v}{\partial t} + (f + \hat{u})\frac{\partial v}{\partial x} + v\frac{\partial v}{\partial y} = -\frac{\partial \hat{p}}{\partial y} + \frac{1}{Re}\left(\frac{\partial^2 v}{\partial x^2} + \frac{\partial^2 v}{\partial y^2}\right) \tag{2.7}$$

が得られます．この方程式は MAC 法やフラクショナルステップ法を使って解くことができます．境界条件は壁面で $u = v = 0$ であるため，$\hat{u} = -f(t)$，$v = 0$ となります．

　境界が不規則形状をした場合でも，式 (2.5)～(2.7) を一般座標変換して細長い長方形領域に写像して解くことができます．なお，$f(t)$ は入口で流速が時間変化しないときは一定値（最大流速や平均流速）を与えます．拍動流など時間変化する流れではその関数値を時間ステップごとに与えます．

　管壁がサインカーブになっている場合の計算結果を以下に示します．図 2.1 は通常の方法（ただし，ポアソン方程式を反復法で解くときの反復回数をあまり多くとらなかった場合）の管内の速度分布を矢印で表示した図です．この図および図 2.2 より流量保存が満たされていないことがわかります．図 2.3，図 2.4 は上記の方法で得られた結果です．ポアソン方程式の反復回数を図 2.1 の場合と同じにしたにもかかわらず**流量保存**が改善されています．

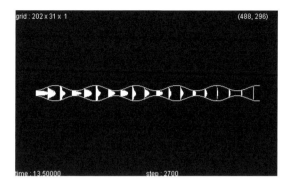

図 2.1　通常の方法（流速ベクトル）

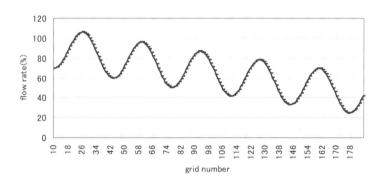

図 2.2　通常の方法（横軸：入口からの格子番号（出口は 200）縦軸：流量）

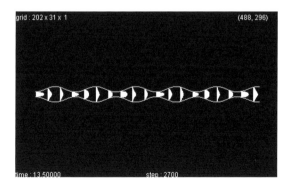

図 2.3　提案の方法（流速ベクトル）

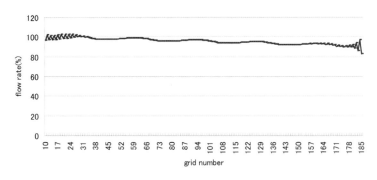

図 2.4　提案の方法（横軸：入口からの格子番号（出口は 200）　縦軸：流量）

2.2　大きな曲率をもった細長い領域

　本節では図 2.5 に示すように細長い領域が大きな曲率をもっている場合の取り扱い方を示すことにします.

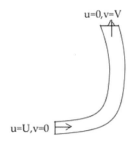

図 2.5　大きな曲率をもった細長い領域

　極座標を用いる場合は，考え方は 2.1 節と同じですが基礎方程式として極座標 (r, θ) で表現されたナビエ・ストークス方程式を用います. 主流は θ が変化

する方向に流れます．このとき1次元のナビエ・ストークス方程式は

$$\frac{1}{r}\frac{\partial v_\theta}{\partial \theta} = 0 \tag{2.8}$$

$$\frac{\partial v_\theta}{\partial t} + \frac{v_\theta}{r}\frac{\partial v_\theta}{\partial \theta} = -\frac{1}{r}\frac{\partial p}{\partial \theta} + \frac{1}{Re}\left(\frac{1}{r^2}\frac{\partial^2 v_\theta}{\partial \theta^2} - \frac{v_\theta}{r^2}\right) \tag{2.9}$$

となります．これらの式から粘性項を無視すれば，2.1節と同じ手続きを踏むことによって

$$v_\theta = f(t) + \hat{v}_\theta, \quad p = -r\theta f'(t) + C + \hat{p}$$

とおくことができます．そして，これらを極座標で表現されたナビエ・ストークス方程式に代入することにより，「ずれ」に対する方程式

$$\frac{\partial v_r}{\partial x} + \frac{v_r}{r} + \frac{\partial \hat{v}_\theta}{\partial \theta} = 0 \tag{2.10}$$

$$\frac{\partial v_r}{\partial t} + v_r\frac{\partial v_r}{\partial r} + (f + \hat{v}_\theta)\frac{\partial v_r}{\partial x} - \frac{(f + \hat{v}_\theta)^2}{r}$$
$$= f'\theta - \frac{\partial \hat{p}}{\partial r} + \frac{1}{Re}\left(\nabla^2 v_r - \frac{2}{r^2}\frac{\partial v_r}{\partial \theta} - \frac{v_r}{r^2}\right) \tag{2.11}$$

$$\frac{\partial \hat{v}_\theta}{\partial t} + v_r\frac{\partial \hat{v}_\theta}{\partial r} + \frac{(f + \hat{v}_\theta)}{r}\frac{\partial \hat{v}_\theta}{\partial \theta} + \frac{v_r(f + \hat{v}_\theta)}{r}$$
$$= f' - \frac{1}{r}\frac{\partial \hat{p}}{\partial \theta} + \frac{1}{Re}\left(\nabla^2 \hat{v}_\theta + \frac{2}{r^2}\frac{\partial v_r}{\partial \theta} - \frac{(f + \hat{v}_\theta)}{r^2}\right) \tag{2.12}$$

$$\nabla^2 = \frac{\partial^2}{\partial r^2} + \frac{1}{r}\frac{\partial}{\partial r} + \frac{1}{r^2}\frac{\partial^2}{\partial \theta^2} \tag{2.13}$$

が得られます．これらの方程式はMAC法やフラクショナルステップ法を用いて解くことができます．なお，壁面の境界条件は$\hat{v}_\theta = -f(t)$，$v_r = 0$です．

　境界に凹凸がある場合には式 (2.10)〜(2.13)（またはこれらから導いたMAC法，フラクショナルステップ法の基礎方程式）を一般座標変換して解きます．

　半円形状に凹凸のついた細長い管の中の流れのシミュレーション結果を以下に示します．図2.6に通常の方法で解いた場合の流速ベクトルを示しますが，

ポアソン方程式の反復回数を多くとらなかったため出口に近づくほど流速が小さくなり連続の式が満たされていないことがわかります．図 2.7 は上記の方法で得られたベクトル図です．ポアソン方程式の反復回数は上と同じにとっていますが，連続の式が満たされていなかったことが改善されていることが図からわかります．

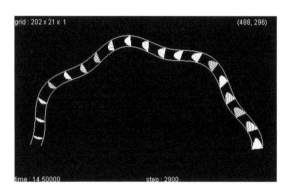

図 2.6　通常の方法（流速ベクトル）

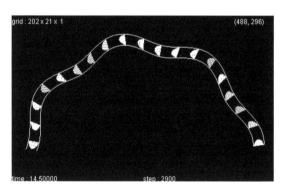

図 2.7　提案の方法（流速ベクトル）

Chapter 3

重合格子

　たとえば複雑な形状をした物体が多数ある領域において，流れをシミュレーションする場合，本シリーズ「流体シミュレーションの基礎」で述べたように領域を長方形（直方体）の格子で分割して，物体が存在する部分にマスクをかけてその部分は計算しないという方法があります．ただし，物体表面が階段状に近似され精度が悪いという欠点があります．一方，物体表面に沿った格子を一度につくることは無理であるため，個々の物体近くで物体表面に沿った格子をつくり，それらを全体領域に埋め込むといった方法（**重合格子**）が考えられます．全体領域での格子と個々の物体まわりの格子は一致しないためデータの受け渡しに適切な補間が必要になります．物体が移動する場合は計算時間の大部分が補間に費やされます．本章では重合格子で計算時間を短縮する方法を紹介します．

3.1　重合格子の問題点

　重合格子は物体などの近くで境界に一致する格子を生成します．多数の物体がある場合にはそれぞれの物体の近くで格子を生成します．そのため，通常は他の物体を考えに入れずに格子を生成できるため格子生成は容易です．このような格子を，物体を考慮せずに領域全体で生成した格子に重ね合わせます．そこで，重合格子でもっとも問題になる点は，各格子と全体領域で張られた格子が一致しないため，領域の境界で物理量の受け渡しするときに**補間**が必要になることです．

　ダクト内に円柱がある場合を例にとってこの点を説明します．ダクト内は，円柱の存在を考えなければ長方形の格子を用いて格子分割できます．また，円柱まわりの格子は円柱の中心を極とする極座標を用いて自然に格子分割できます．なお「流体シミュレーションの応用Ⅰ」で述べたように，半径方向にたと

えば指数関数を用いて座標変換することにより円柱表面に向かって細かくなる格子をつくることができます. 図 3.1 はこのようにして作った格子をダクト内の全体格子（外部格子）に重ね合わせた図です. 図からも明らかなように格子は一致していません. 極座標で表現された領域で流体の方程式を解くためには外側の円周上の格子点における速度と圧力が必要です. これを外部領域の隣接外部格子点での速度と圧力から補間して決めます. 外部領域で方程式を解く場合にも, 円柱まわりの極座標領域内にあってその境界付近にある外部領域格子点における速度と圧力が必要になります. それらを隣接した内部格子点での速度と圧力から補間して決めます.

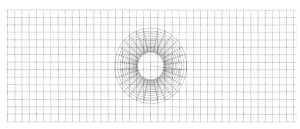

図 3.1　ダクト内に円柱がある場合の格子の例

　一方の領域の格子点がもう一方の領域のどの格子のなかに含まれているかを判断する一般的な方法に面積を計算する方法があります. 図 3.2 で点 P が ABCD を 4 頂点にもつ格子の内部にある場合に限り 4 つの三角形△ PAB, △ PBC, △ PCD, △ PDA の面積の和 S_1 が四辺形 ABCD の面積 S_2 と等しく（実際は誤差があるため, $|S_1 - S_2|$ が 0 に近く）なります. この判断を行うためには一方の領域の格子点 1 つに対し, もう一方の領域の格子点をすべて調べる必要があります. すなわち, これだけでもかなり計算時間が必要になることが分かります. 内部の物体が固定されている場合には, たとえ計算時間がかかっても 1 回だけ計算すればよいので, あまり問題にはなりません. しかし, 物体が動く場合には計算ステップごとに補間をしなおすことになり, 流体計算の大部分が補間に費やされることになります.

　なお, 図 3.2 において点 P での物理量 f は周囲の格子点での物理量 f_A, f_B, f_C, f_D から線形補間するか, あるいは点 P と各点までの距離

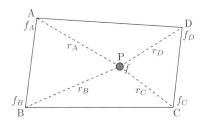

図 3.2　格子内に点 P があるかどうかの判定方法

r_A, r_B, r_C, r_D は簡単に計算できるため,

$$f = \frac{f_A/r_A + f_B/r_B + f_C/r_C + f_D/r_D}{1/r_A + 1/r_B + 1/r_C + 1/r_D} \tag{3.1}$$

から計算します.

3.2　効率のよい計算法と計算例

　3.1 節の例のように外部領域が**直交等間隔格子**,内部領域の境界が円周でその上に等間隔に格子点が分布する場合には補間に必要な計算時間が著しく短縮されます.外部領域の格子幅が x 方向に Δx, y 方向に Δy の場合,円周上の着目している格子点の座標が (x_P, y_P) であれば,x_P を Δx で割るだけでどの格子にその点が含まれるかがわかります(y 方向も同様).また,外部領域の格子点が内部領域に存在するかどうかはその点と円の中心の距離が円の半径より小さければ内部に含まれると判断できます.また,それが半径方向に何番目であるかということもたやすく計算できます.すなわち,角度方向に対しても極座標の基準線からなす角度は簡単に計算できるので,その角度を角度方向の格子幅 $\Delta \theta$ で割ることにより,どの格子内に点が存在するかがわかります.この手続きは内部領域に含まれるすべての外部格子に対して行う必要はなく,円周近く(たとえば外周の円の半径の 80% まで)のみに限ることができます.なお,内部領域にある物体は必ずしも円でなくてもよく,外部境界に近くなると円になるように物体まわりの格子を生成すればよいことになります.

　図 3.3 は細長い長方形のダクト内に左から右に向かって流れがあるときに,中におかれた円柱が上下に正弦関数的に振動しながら上流に向かって進行す

る場合の流れのシミュレーション結果です．上記の方法を用いて計算しています．レイノルズ数は 100 で典型的な時間ステップにおける瞬間速度ベクトルが表示されています．また，図 3.4 は図 3.3 に対応する時間ステップにおける等圧線です．

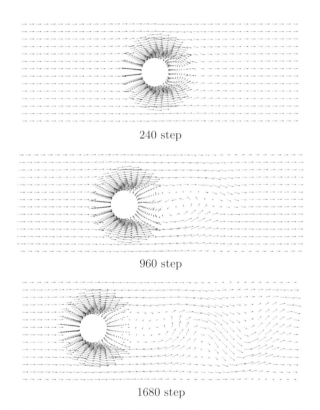

240 step

960 step

1680 step

図 3.3　ダクト内を上下振動しながら右から左に運動する円柱まわりの流れ（速度ベクトル）

240 step　　　　960 step　　　　1680 step

図 3.4　図 3.3 に対応する円柱近くの等圧線

Chapter 4

回転物体まわりの流れ

　風車や攪拌器など回転する物体まわりの流れを計算する場合には，回転体と共に回転する**回転座標系**を使うのが合理的です．実際，もし固定座標系で計算するとすれば，回転するたびに格子がずれるため時間ステップごとに格子をつくり直す必要があり，計算時間がかかることになります．本章ではまず回転系の流れの一般的な性質を述べます．次に回転物体として垂直軸抗力型の風車に分類されるＳ字型風車が単独で定速回転している場合のシミュレーション例を格子生成まで含めて解説します．なお，場合によっては適当な回転座標が存在しないこともあります．たとえば複数の風車が独立して回転している場合，1つの回転系で表現するこはできません．その場合にはそれぞれの風車に対して別の回転座標系を用い，適当につなぎ合わせるのが自然で，**領域分割法**の考え方が応用できます．これについては8章で解説します．

4.1　回転座標系における基礎方程式

　剛体の力学では，回転系で見た運動を表現するとき，みかけの力である**遠心力とコリオリ力**が働いていると考えます．流体の運動でも事情は同じで，静止系（添字 I）の加速度 $(Dv/Dt)_I$ と回転系（添字 R）の加速度 $(Dv/Dt)_R$ との間には

$$\left(\frac{D\boldsymbol{v}}{Dt}\right)_I = \left(\frac{D\boldsymbol{v}}{Dt}\right)_R + \boldsymbol{\omega} \times (\boldsymbol{\omega} \times \boldsymbol{r}) + 2\boldsymbol{\omega} \times \boldsymbol{v}_R \tag{4.1}$$

という関係があります．ここで，右辺第2項は遠心力による加速度，第3項はコリオリ力による加速度です．回転系での加速度は回転系に存在する流体粒子が受ける加速度であり，回転系での速度を用いて，慣性系と同じように

$$\left(\frac{D\boldsymbol{v}}{Dt}\right)_R = \frac{\partial \boldsymbol{v}_R}{\partial t} + (\boldsymbol{v}_R \cdot \nabla)\boldsymbol{v}_R \tag{4.2}$$

と展開できます．したがって，**回転系のナビエ・ストークス方程式**は，

$$\frac{\partial \boldsymbol{v}}{\partial t} + (\boldsymbol{v} \cdot \nabla)\boldsymbol{v} = -\frac{1}{\rho}\nabla p - \boldsymbol{\omega} \times (\boldsymbol{\omega} \times \boldsymbol{r}) - 2\boldsymbol{\omega} \times \boldsymbol{v} + \nu \nabla^2 \boldsymbol{v} \tag{4.3}$$

となります．ただし，$\boldsymbol{v}_R$ を $\boldsymbol{v}$ と記しています．

遠心力はスカラー場の勾配として

$$\boldsymbol{\omega} \times (\boldsymbol{\omega} \times \boldsymbol{r}) = -\nabla \left(\frac{1}{2}\omega^2 (r')^2 \right) \tag{4.4}$$

と書くことができます．ここで r' は図 4.1(a) に示した長さです．したがって，圧力 p を $p - \rho\omega^2(r')^2/2$ でおきかえることにより遠心力がない場合に帰着させることができます．

(a) 定義図　　　　　　　　(b) 回転座標系

図 4.1

回転の効果，すなわちコリオリ力の影響が大きい場合の流れに着目します．時間的に定常な流れでは，このことは

$$|(\boldsymbol{v} \cdot \nabla)\boldsymbol{v}| \ll |\boldsymbol{\omega} \times \boldsymbol{v}| \tag{4.5}$$

および

$$|\nu \nabla^2 \boldsymbol{v}| \ll |\boldsymbol{\omega} \times \boldsymbol{v}| \tag{4.6}$$

を意味します．これらをスケールで見積もると[*1]

$$U^2/L \ll \Omega U \qquad \text{および} \qquad \nu U/L^2 \ll \Omega U \tag{4.7}$$

すなわち

$$R_o = U/\Omega L \ll 1 \qquad \text{および} \qquad E_k = \nu/\Omega L^2 \ll 1 \tag{4.8}$$

[*1] U：代表速度，L：代表長さ，Ω：代表角速度

となります. ここで R_o および E_k は**ロスビー数とエクマン数**とよばれる無次元数で, それぞれ慣性力とコリオリ力の比および粘性力とコリオリ力の比であり, 気象や海洋分野でしばしば現れます.

ロスビー数とエクマン数の両方が小さいとき, 運動方程式 (4.3) は遠心力を圧力に含めて

$$2\boldsymbol{\omega} \times \boldsymbol{v} = -\frac{1}{\rho}\nabla p \tag{4.9}$$

となります. この式の左辺のベクトルは $\boldsymbol{v}$ に垂直であるため, 圧力勾配は流速に垂直になっています. すなわち, 流れは等圧線に平行になるため, 等圧線に垂直なコリオリ力が働かない通常の流れとは対照的です. この状況は気象分野では上空を吹く風で実現されており**地衡風**とよばれています.

式 (4.9) の回転をとると右辺は恒等的にゼロなので

$$\nabla \times (\boldsymbol{\omega} \times \boldsymbol{v}) = 0 \tag{4.10}$$

となります. ベクトル解析の公式を用いて左辺を展開すれば

$$(\boldsymbol{\omega} \cdot \nabla)\boldsymbol{v} - (\boldsymbol{v} \cdot \nabla)\boldsymbol{\omega} + \boldsymbol{v}(\nabla \cdot \boldsymbol{\omega}) - \boldsymbol{\omega}(\nabla \cdot \boldsymbol{v}) = 0$$

となります. $\boldsymbol{\omega}$ は場所の関数ではなく, 連続の式 $\nabla \cdot \boldsymbol{v} = 0$ を考慮すれば上式は

$$(\boldsymbol{\omega} \cdot \nabla)\boldsymbol{v} = 0 \tag{4.11}$$

となり, $\boldsymbol{\omega}$ が z 軸になるように座標を選べば

$$\omega \partial \boldsymbol{v}/\partial z = 0 \quad \text{すなわち} \quad \partial \boldsymbol{v}/\partial z = 0 \tag{4.12}$$

が成り立ちます. いいかえれば速度 $\boldsymbol{v}$ は z 方向に変化しないことがわかります. 特に, z のある位置で $w = 0$ ならば式 (4.12) は

$$\frac{\partial u}{\partial z} = 0, \quad \frac{\partial v}{\partial z} = 0, \quad w = 0 \tag{4.13}$$

を意味するため, 流れは完全に 2 次元的になります.

4.2　回転体まわりの流れ

z 軸まわりの回転を考え，$\boldsymbol{\omega} = (0,0,\omega)$，$\boldsymbol{v} = (U,V,W)$，$\boldsymbol{r} = (X,Y,Z)$ と書くことにし，さらに方程式を無次元化すれば式 (4.3) の各成分は

$$\frac{\partial U}{\partial t} + U\frac{\partial U}{\partial X} + V\frac{\partial U}{\partial Y} + W\frac{\partial U}{\partial Z} - \omega^2 X + 2\omega V$$
$$= -\frac{\partial p}{\partial X} + \frac{1}{Re}\left(\frac{\partial^2 U}{\partial X^2} + \frac{\partial^2 U}{\partial Y^2} + \frac{\partial^2 U}{\partial Z}\right) \quad (4.14)$$

$$\frac{\partial V}{\partial t} + U\frac{\partial V}{\partial X} + V\frac{\partial V}{\partial Y} + W\frac{\partial V}{\partial Z} - \omega^2 Y - 2\omega U$$
$$= -\frac{\partial p}{\partial Y} + \frac{1}{Re}\left(\frac{\partial^2 V}{\partial X^2} + \frac{\partial^2 V}{\partial Y^2} + \frac{\partial^2 V}{\partial Z}\right) \quad (4.15)$$

$$\frac{\partial W}{\partial t} + U\frac{\partial W}{\partial X} + V\frac{\partial W}{\partial Y} + W\frac{\partial W}{\partial Z} = -\frac{\partial p}{\partial Z} + \frac{1}{Re}\left(\frac{\partial^2 W}{\partial X^2} + \frac{\partial^2 W}{\partial Y^2} + \frac{\partial^2 W}{\partial Z}\right) \quad (4.16)$$

となります．連続の式は静止系と同じ形で

$$\frac{\partial U}{\partial X} + \frac{\partial V}{\partial Y} + \frac{\partial W}{\partial Z} = 0 \quad (4.17)$$

です．静止座標 (x,y,z) と z 軸周りに角度 θ で傾いた回転座標 (X,Y,Z) の関係を図 4.1(b) に示します．これら座標成分および静止系での速度 (u,v,w) と回転系での速度 (U,V,W) の間には以下の関係があります．

$$x = X\cos\theta + Y\sin\theta, \quad y = -X\sin\theta + Y\cos\theta, \quad z = Z$$
$$X = x\cos\theta - y\sin\theta, \quad Y = x\sin\theta + y\cos\theta, \quad Z = z \quad (4.18)$$

$$u = U\cos\theta + V\sin\theta + \omega y, \quad v = -U\sin\theta + V\cos\theta - \omega x, \quad w = W$$
$$U = u\cos\theta - v\sin\theta - \omega Y, \quad V = u\sin\theta + v\cos\theta + \omega X, \quad W = w \quad (4.19)$$

特に回転軸に垂直な2次元面内で流れを考える場合の基礎方程式は

$$\frac{\partial U}{\partial X} + \frac{\partial V}{\partial Y} = 0 \tag{4.20}$$

$$\frac{\partial U}{\partial t} + U\frac{\partial U}{\partial X} + V\frac{\partial U}{\partial Y} - \omega^2 X + 2\omega V = -\frac{\partial p}{\partial X} + \frac{1}{Re}\left(\frac{\partial^2 U}{\partial X^2} + \frac{\partial^2 U}{\partial Y^2}\right) \tag{4.21}$$

$$\frac{\partial V}{\partial t} + U\frac{\partial V}{\partial X} + V\frac{\partial V}{\partial Y} - \omega^2 Y - 2\omega U = -\frac{\partial p}{\partial Y} + \frac{1}{Re}\left(\frac{\partial^2 V}{\partial X^2} + \frac{\partial^2 V}{\partial Y^2}\right) \tag{4.22}$$

となります.

　式 (4.20)〜(4.22) を用いたシミュレーションの例として S 字型風車まわりの流れを取り上げます. S 字型風車とは図 4.2 に示すように, 円筒を半分に切って2つの半円筒とし, それらの端点がつながるようにしたもので, 上から見るとアルファベットの S に見えるため S 字型という名称がついています. 風に向かって凹側のブレード（カップ）に働く抗力と凸側のブレードに働く抗力に差があるため回転する仕組みになっています. 風が風車を押す必要があるため, 風速より速く回転できませんが, トルクが大きいという特徴があります. したがって, 発電には不向きですが, 揚水や粉ひきなどに向いています. なお, 回転軸が鉛直であるため, 風向によらず回転することができます.

　S 字型風車を改良したものに, フィンランドの技師サボニウスによって 1924 年に特許がとられた**サボニウス風車**があります. これは図 4.3 に示すように S 字型風車のブレードをずらせた形をしています. ギャップ部分に入った空気によって風車を回転させる方向に力が働くため S 字型風車より効率がよくなります.

図 4.2　S 字型風車　　　　　　　　図 4.3　サボニウス風車

　本節では格子生成が容易な S 字型風車のシミュレーションについて述べますが，サボニウス風車については複数個ある場合を含めて 8 章で述べることにします．

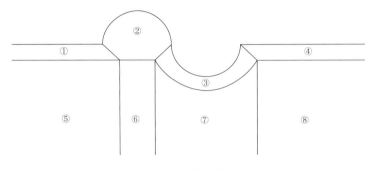

図 4.4　領域の分割

　S 字型風車まわりの流れを計算するための格子は何種類もありますが，計算精度の観点からはブレードに沿った格子を用いるのが望ましいと考えられます．また，180° の点対称性を生かせば余分な誤差は避けられます．そこで，図 4.4 に示すように 2 つのブレードを含む領域を 8 分割します．このとき図に示した領域①，④，⑤，⑥，⑧では直線境界上の格子点の座標を指定して直線で結ぶだけで格子ができます．また領域⑦に対しては周方向の格子はブレードから離れるにしたがい徐々に半径が大きくなる円周の一部を用い，もう一方の格子は領域⑥などの格子と平行にとります．領域②と③の格子を生成するためには，「流体シミュレーションの応用 I」でのべた**2 方向ラグランジュ補間**（超限補間）を用います．具体的には，(i, j) を格子点番号，格子点は $i = 1 \sim m$，$j = 1 \sim n$ にあるとして

$$a = (i - m)/(1 - m), \quad b = (j - n)/(1 - n)$$

とおき

$$
\begin{aligned}
x_{i,j} =\ & ax_{1,j} + (1-a)x_{m,j} + bx_{i,1} + (1-b)x_{i,n} \\
& - abx_{1,1} - a(1-b)x_{1,n} - (1-a)bx_{m,1} - (1-a)(1-b)x_{m,n} \\
y_{i,j} =\ & ay_{1,j} + (1-a)y_{m,j} + by_{i,1} + (1-b)y_{i,n} \\
& - aby_{1,1} - a(1-b)y_{1,n} - (1-a)by_{m,1} - (1-a)(1-b)y_{m,n}
\end{aligned} \quad (4.23)
$$

から，内部格子点の座標値を境界格子点の座標値を使って計算します．ただし，添え字 $i = 1, i = m$ と $j = 1, j = n$ は境界を表します．

図 4.5 は上記のようにして生成した S 字型風車のブレード近くの格子です．

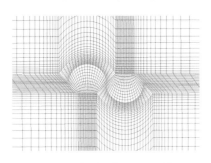

図 4.5　S 字型風車まわりの格子

ナビエ・ストークス方程式の数値解法は，慣性系の方程式との差が運動方程式にコリオリ力と遠心力が加わっただけなので，変更は受けません．すなわち，MAC 法やフラクショナルステップ法はそのまま使えます．ただし，一般座標を用いているため，基礎方程式を座標変換したものを用います．

以下の図は上記の格子と計算法を用いて回転する S 字型風車まわりの流れを計算した結果です[*2]．レイノルズ数は 2000 にとったため，計算の安定化のためにナビエ・ストークス方程式の非線形項は**3 次精度上流差分法**（「流体シミュレーションの応用 I」）で近似しています．格子数は 81×65 で，パラメータとして**周速比** λ（遠方の一様流速と風車先端の速度の比）をとり，λ を種々に変化させてシミュレーションを行っています．

図 4.6 は $\lambda = 0.7$ の場合の結果で，横軸は回転角度（数回転したあと）で図の下にそのときの風車の傾きが記されています．また縦軸は**トルク係数**（無次元化したトルク）です．風車が図の A のような状態ではトルクが大きく，B のような状態ではもっとも小さく，負（逆回転させる方向）になってことがわかります．図 4.7 は周速比を変化させたときのトルクの違いを $\lambda = 0.7$ の場合と対比してプロットした図で，$\lambda = 0.4, 1.1$ の結果を示しています．値が負の部分では反対方向のトルクを生じています．横軸との間の面積が実効的なトルク

[*2] 桑名杏奈：2005 年度お茶の水女子大学理学部情報科学科卒業研究．

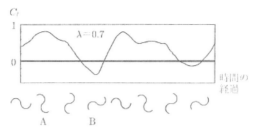

図 4.6　回転角（時間経過）とトルクの関係

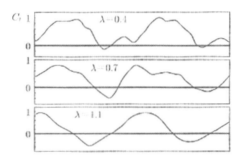

図 4.7　種々の周速比に対する回転角とトルク係数

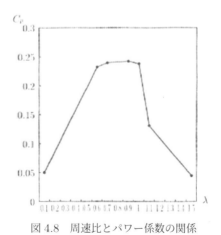

図 4.8　周速比とパワー係数の関係

を表します．図 4.8 は横軸に周速比，縦軸に**パワー係数**（風車が風から得る無次元化されたパワー（回転速度 × トルク））をとったものです．周速比が 0.8 程度で最大のパワーが得られています．図 4.9，4.10 には風車のいろいろな位置での瞬間的な流速ベクトルと等圧線を示しています．

図 4.9　S字型風車まわりの流れ（速度場）

図 4.10　S 字型風車まわりの流れ（圧力場）

Chapter 5

密度成層流

　4 章で取り上げた回転系における流れは風車など回転装置まわりの流れがひとつの典型例です．一方，気象現象は地球という回転系に現れる大規模な空気の流れであるため，回転の効果が重要なもうひとつの典型例になっています．さらに気象分野では密度成層が重要な役割を果たします．そこで本章では密度成層が流れに及ぼす効果について簡単に紹介します．なお，実際のシミュレーション例として身近で興味があるのは山越え気流による雲の発生ですが，これについては 9 章で紹介します．

5.1　安定成層流

　成層流という用語は，鉛直方向の密度変化によって影響を受ける主として水平方向の流れに対して使われます．このような流れは大気や海洋といった地球流体力学の分野において特に重要な流れになっています．

　地表付近の大気の流れは大気の安定度によって大きく影響を受けます．ここで，大気の安定度は**状態曲線**（実際の気温の高度分布を表す曲線）と**断熱線**（空気が断熱変化をした場合の気温の高度分布を表す曲線）の傾きの差によって区別されます．図 5.1 に状態曲線と断熱線の 3 つの典型的なパターンを示します．図 5.1(a) は，状態曲線（実線）の傾き（**気温減率**とよびます）を $-\gamma$，断熱線（破線）の傾きを $-\gamma_a$ とした場合，$\gamma > \gamma_a$ の場合で，**安定状態**とよばれます．これは，空気塊の運動が抑えられる傾向にあるためであり，理由は以下のとおりです．いま，図の点 P にある空気塊の運動を考えると，もし空気塊が山越えなどで強制的に上方向に持ち上げられたとすると，その空気塊の温度は点 P を通る断熱線に沿って変化する（断熱膨張）ため，高さが Δh 増加した場合，図の Q の温度になります．一方，周囲の温度は状態曲線の温度分布をもち，図の Q' の温度であるため，上昇した空気は周囲の空気より温度が低く

なります．状態方程式から気圧が同じであれば温度が低いほど密度が大きいため，上昇した空気は重くなってもとに戻される力が働きます．逆に，点 P の空気が Δh 下方に運動した場合，気温は図の点 R のものになりますが，周囲の温度は点 R' のものになっています．この場合，下降した空気の温度は周囲より高くなり，軽くなって上方に移動しようとします．まとめれば，図 5.1(a) の状態では常に空気の運動に逆らう力が働くため，空気は安定といえます．次に同様の議論を図 5.1(b) の場合におこなうと，断熱線と状態曲線が一致しているため，上下どちらに移動しても周囲の温度と一致し，特別な浮力は働きません．このような状態を**中立状態**といいます．一方，図 5.1(c) のような場合を考えると，上方に移動したときは周囲より暖かくなって上昇が強められ，下方に移動した場合には周囲より冷たくなって下降が強められます．すなわち，運動が強調されるため**不安定状態**になります．

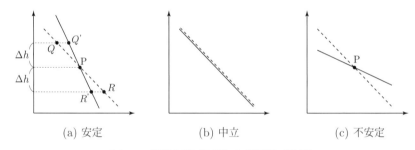

(a) 安定　　　　　　(b) 中立　　　　　　(c) 不安定

図 5.1　状態曲線（実線）と断熱線（破線）

　空気が安定状態の場合には山を越える気流には興味深い現象が起きます．すなわち，図 5.2 に示すように山を越えることによって強制的に上方に曲げられた空気は，運動しているため釣り合い点を行き過ぎますがやがて下に戻され，また下方に行き過ぎて上に戻されるといったことを繰り返します．これはばねの振動に似ていて，空気の軌跡は図に示すように波打ちます（**風下波**または**山岳波**とよばれています）．

　ある流体粒子に着目してその密度 $\rho_0(0)$ が保存されるとします．この粒子が上に δz 移動したとします．このとき周囲の流体の密度は $\rho_0(0) + \delta z(d\rho_0/dz)$ であり，粒子に働く正味の重力は $-g\delta z(d\rho_0/dz)$ です．したがって，粒子の運

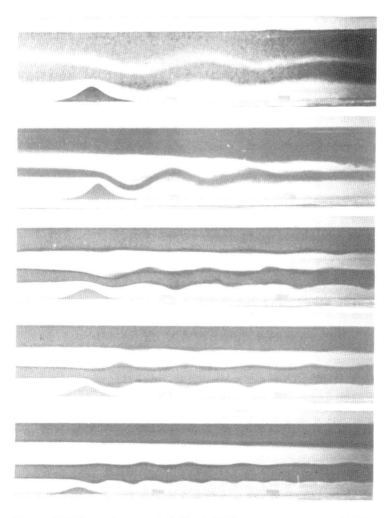

図 5.2　風下波のパターンの実験例.（可視化はチモールブルーの染料を含んだ成層状態の水に酸を入れることによりおこなっている）. 写真は L.R.Pattinson.

動は単振動の運動方程式

$$\rho_0 \frac{d^2 \delta z}{dt^2} = g \frac{d\rho_0}{dz} \delta z \tag{5.1}$$

によって記述されるため，振動数

$$N = \sqrt{-\frac{g}{\rho_0} \frac{d\rho_0}{dz}} \tag{5.2}$$

で振動します $(d\rho_0/dz < 0)$．この振動数 N は安定度によって決まり，**ブラント・バイサラ周波数**とよばれています．

温度変動によって密度変動が起きる場合には，上式は温度勾配を用いて

$$N = \sqrt{g\alpha \frac{dT_0}{dz}} \tag{5.3}$$

（α は体膨張係数）と書け，それに加えて断熱温度勾配が重要な場合には

$$N = \sqrt{g\alpha \left(\frac{dT_0}{dz} + \frac{g\alpha T_0}{C_P} \right)} \tag{5.4}$$

になります．ただし，C_P は定圧比熱です．この波の形は時間的にあまり変化せず，上昇気流と下降気流の生じる位置はあまり変化しません．

5.2　密度成層流の基礎方程式

安定成層流を解析する場合には密度を表面に出した定式化がよくおこなわれるため，それに従うことにします．密度変化を考慮した連続の式

$$\frac{\partial \rho}{\partial t} + \nabla \cdot (\rho \boldsymbol{v}) = \frac{\partial \rho}{\partial t} + (\boldsymbol{v} \cdot \nabla)\rho + \rho \nabla \cdot \boldsymbol{v} = 0$$

において，**非圧縮性の条件**

$$\frac{\partial \rho}{\partial t} + (\boldsymbol{v} \cdot \nabla)\rho = 0 \tag{5.5}$$

を用いると，非圧縮性流体の連続の式

$$\nabla \cdot \boldsymbol{v} = 0 \tag{5.6}$$

が得られます. この2つの方程式と浮力を外力にもつ運動方程式

$$\rho\frac{\partial \boldsymbol{v}}{\partial x} + \rho(\boldsymbol{v}\cdot\nabla)\boldsymbol{v} = -\nabla p + \mu\nabla^2\boldsymbol{v} + \rho\boldsymbol{g} \tag{5.7}$$

($\boldsymbol{g}$ は重力加速度) が基礎方程式になります.

　粘性が無視できる場合, 定常流に対して式 (5.7) と式 (5.5) は

$$\rho(\boldsymbol{v}\cdot\nabla)\boldsymbol{v} = -\nabla p + \rho\boldsymbol{g} \tag{5.8}$$
$$(\boldsymbol{v}\cdot\nabla)\rho = 0 \tag{5.9}$$

となります. z を鉛直上方にとり, 基本的な成層は一様な密度勾配 $(-d\rho_0/dz)$ でつくられているとします. ρ_0 は水平方向には変化しないため, 式 (5.8) から $\rho_0\boldsymbol{g}$ と静水圧の間のつり合いを引き去ることができます.

　水平方向に大きさ L の物体が速さ U で移動する場合など, 代表長さ L と代表速さ U の流れが基準状態に重ね合わされた状態を考えます. この流れ場は密度場を変化させますが, その変化を ρ' とすれば, 式 (5.9) から

$$(\boldsymbol{v}\cdot\nabla)\rho' + w\,d\rho_0/dz = 0 \tag{5.10}$$

となります. この式から ρ' の大きさの程度が

$$\rho' \sim \frac{WL}{U}\left|\frac{d\rho_0}{dz}\right| \tag{5.11}$$

であることがわかります.

　式 (5.8) から圧力を消去するため回転をとると

$$\rho((\boldsymbol{v}\cdot\nabla)\boldsymbol{\omega} - (\boldsymbol{\omega}\cdot\nabla)\boldsymbol{v}) = \boldsymbol{g}\left(\frac{\partial \rho'}{\partial y} - \frac{\partial \rho'}{\partial x}\right) \tag{5.12}$$

となります. $\boldsymbol{\omega}$ の大きさの程度は U/L であるため, この式は ρ' の大きさの程度が

$$\rho' = \frac{\rho_0 U^2}{gL} \tag{5.13}$$

であることを意味しています. 式 (5.11) と式 (5.13) から

$$W/U \sim \frac{\rho_0 U^2}{gL^2|d\rho_0/dz|} \equiv (Fr)^2 \tag{5.14}$$

が得られます．ここで Fr は**内部フルード数**とよばれますが，河川の流れといった自由表面流れと混同することがない場合には単に**フルード数**ともよばれます．その物理的な意味は慣性力と重力（浮力）の比であり，フルード数が小さいほど浮力（密度成層）の効果が大きくなります．なお，$1/Fr^2$ は**リチャードソン数**とよばれることがあります．

　密度成層流を数値計算をするために，z 方向を鉛直方向にとり，方程式を無次元化して，成分ごとに書けば支配方程式は

$$\frac{\partial u}{\partial x} + \frac{\partial v}{\partial y} + \frac{\partial w}{\partial z} = 0 \tag{5.15}$$

$$\frac{\partial u}{\partial t} + u\frac{\partial u}{\partial x} + v\frac{\partial u}{\partial y} + w\frac{\partial u}{\partial z} = -\frac{\partial p}{\partial x} + \frac{1}{Re}\left(\frac{\partial^2 u}{\partial x^2} + \frac{\partial^2 u}{\partial y^2} + \frac{\partial^2 u}{\partial z^2}\right) \tag{5.16}$$

$$\frac{\partial v}{\partial t} + u\frac{\partial v}{\partial x} + v\frac{\partial v}{\partial y} + w\frac{\partial v}{\partial z} = -\frac{\partial p}{\partial y} + \frac{1}{Re}\left(\frac{\partial^2 v}{\partial x^2} + \frac{\partial^2 v}{\partial y^2} + \frac{\partial^2 v}{\partial z^2}\right) \tag{5.17}$$

$$\frac{\partial w}{\partial t} + u\frac{\partial w}{\partial x} + v\frac{\partial w}{\partial y} + w\frac{\partial w}{\partial z} = -\frac{\partial p}{\partial z} + \frac{1}{Re}\left(\frac{\partial^2 w}{\partial x^2} + \frac{\partial^2 w}{\partial y^2} + \frac{\partial^2 w}{\partial z^2}\right) - \frac{\rho}{Fr^2} \tag{5.18}$$

$$\frac{\partial \rho}{\partial t} + u\frac{\partial \rho}{\partial x} + v\frac{\partial \rho}{\partial y} + w\frac{\partial \rho}{\partial z} = 0 \tag{5.19}$$

となります．ただし，**ブジネスク近似**を用い，密度は拡散しないという仮定を用いています．

　流れが鉛直面内で 2 次元的であるような幾何学的な状況では，強い成層がある場合の流れと成層がない場合の流れには大きな差があります．式 (5.15) において，2 次元性から $v=0$ で，強い成層のため $w=0$ とすれば

$$\partial u/\partial x = 0$$

となります．たとえば強い成層の中で，流れに直角にのびた水平の円柱まわりの流れにおいて円柱の先端では速度は 0 なので，上式は円柱の先端より上流側に対して $u=0$ であることを示しています．すなわち，円柱があるためずっと上流まで流体は止まっていることになります．これを**ブロッキング**といいます．実際には w は完全に 0 ではないので，流れはかなり上流から徐々に円柱を迂回するようになります．もし，密度の拡散が非常に小さければ円柱を上側に迂回する流れは高い密度を保持するため，円柱をまわりきったところで周囲

と大きな密度差を生じてもとの高さに押し戻されます。図 5.3 はこの状況をわかりやすく描いたもので円柱の前に λ の長さにわたって流れがブロックされています。図 5.4 は実験で得られた写真です。

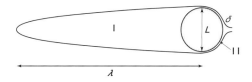

図 5.3　物体を通り過ぎる成層流の長さスケール L, λ, δ. I 物体前方のブロックされた領域, II 物体背後の境界層領域.

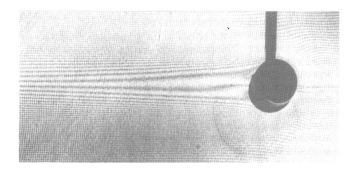

図 5.4　塩によって成層が作られた水の中で円柱を運動させたときに生じる密度場のホログラム。写真はミシガン大学の W.Debler と C.Vest による.

Part II
シミュレーションの例

Chapter 6

走行中の電車内のウィルスの拡散

　例年のインフルエンザの感染者数は，国内で推定約 1000 万人と言われており，また 2019 年の冬から世界的に流行している新型コロナウイルス感染症（**COVID-19**）の国内での 2020 年 3 月からの累計感染者数は 2021 年 5 月 20 日には 70 万人を超えました．インフルエンザや新型コロナウイルス感染症などのような発熱や咳を起こす感染症は高齢者や基礎疾患があるなど免疫力の低下している人には二次性の肺炎を伴う等，重症化するリスクが大変高くなります．これらの感染症の一般的な感染経路は飛沫感染，接触感染と言われており，飛沫感染の主な感染場所は学校や劇場，満員電車などの人が多く集まる場所です．

　そこで，本章では主な通勤・通学手段である電車内における飛沫感染に着目し，窓を開けることや空調による感染対策の効果を，咳により呼出されたウィルスの車両内での移動や拡散の様子についてシミュレーションを行うことにより検討します[*1].

6.1　モデル化・格子生成

6.1.1　モデル化

　以下の図 6.1 のような長さ，幅，高さがそれぞれ 20m，3m，2m の直方体を車両に見立てます．また，電車は 10m/s (36km/h) で走行していると仮定します．

[*1] 佐々木桃：令和 2 年度お茶の水女子大学理学部情報科学科卒業論文.
　　 Momo Sasaki and Tetuya Kawamura: Numerical Simulation of the diffusion of
　　 virus in the commuting train, Natural Science Report, Ochanomizu University,
　　 Vol. 72, No.1 (to appear).

6.1.2　格子生成

　主な計算で用いた格子数は長さ方向に 200，幅方向に 30，高さ方向に 20 としましたが，確認のため各方向にそれぞれ 2 倍にした格子も用いています.

　車両モデルの内部に座席を用意し，また乗車率に合わせて人（障害物）をランダムに配置しています.

　これら流れに対する障害物は**マスク**を用いることにより，すなわち障害物がある格子において流速を強制的に 0 にすることで表現しています. 具体的には流れの領域で 1，障害物の領域で 0 である配列を用意し，速度の配列に掛け合わせています.

6.2　計算方法

6.2.1　基礎方程式

　取り扱う空気の流れは非圧縮性流体の流れとみなせるため，連続の式 (6.1)，非圧縮性ナビエ・ストークス方程式 (6.2)〜(6.4) を使用します. また，ウイルス濃度 c と温度（基準温度からの差）T は移流拡散方程式 (6.5), (6.6) を用いて計算します.

$$\frac{\partial u}{\partial x} + \frac{\partial v}{\partial y} + \frac{\partial w}{\partial z} = 0 \tag{6.1}$$

$$\frac{\partial u}{\partial t} + u\frac{\partial u}{\partial x} + v\frac{\partial u}{\partial y} + w\frac{\partial u}{\partial z} = -\frac{\partial P}{\partial x} + \frac{1}{\text{Re}}\left(\frac{\partial^2 u}{\partial x^2} + \frac{\partial^2 u}{\partial y^2} + \frac{\partial^2 u}{\partial z^2}\right) \tag{6.2}$$

$$\frac{\partial v}{\partial t} + u\frac{\partial v}{\partial x} + v\frac{\partial v}{\partial y} + w\frac{\partial v}{\partial z} = -\frac{\partial P}{\partial y} + \frac{1}{\text{Re}}\left(\frac{\partial^2 v}{\partial x^2} + \frac{\partial^2 v}{\partial y^2} + \frac{\partial^2 v}{\partial z^2}\right) \tag{6.3}$$

$$\frac{\partial w}{\partial t} + u\frac{\partial w}{\partial x} + v\frac{\partial w}{\partial y} + w\frac{\partial w}{\partial z} = -\frac{\partial P}{\partial z} + \frac{1}{\text{Re}}\left(\frac{\partial^2 w}{\partial x^2} + \frac{\partial^2 w}{\partial y^2} + \frac{\partial^2 w}{\partial z^2}\right) + \frac{Gr}{(\text{Re})^2}T \tag{6.4}$$

$$\frac{\partial c}{\partial t} + u\frac{\partial c}{\partial x} + v\frac{\partial c}{\partial y} + w\frac{\partial c}{\partial z} = \frac{1}{\text{Re}\cdot Sc}\left(\frac{\partial^2 c}{\partial x^2} + \frac{\partial^2 c}{\partial y^2} + \frac{\partial^2 c}{\partial z^2}\right) \tag{6.5}$$

$$\frac{\partial T}{\partial t} + u\frac{\partial T}{\partial x} + v\frac{\partial T}{\partial y} + w\frac{\partial T}{\partial z} = \frac{1}{\mathrm{Re} \cdot \mathrm{Pr}}\left(\frac{\partial^2 T}{\partial x^2} + \frac{\partial^2 T}{\partial y^2} + \frac{\partial^2 T}{\partial z^2}\right) \tag{6.6}$$

6.2.2 解法

数値解法にフラクショナルステップ法を用いています.

時間間隔は $\Delta t = 0.00125$ とし,支配パラメータである**レイノルズ数** Re,**グラスホフ数** Gr,**プラントル数** Pr,**シュミット数** Sc はそれぞれ 10^4,10^8,0.71,0.071 と設定しています.また,計算ステップ数は 50000 回で,これは計算終了時において実時間 6 秒に対応します.

空間の差分近似については,ナビエ・ストークス方程式の非線形項は 3 次精度上流差分,ただし境界より一つ内側のみ 1 次精度上流差分,その他の項には中心差分を用いました.

また,時間の差分近似については 1 次精度オイラー陽解法を使用しています.

6.2.3 境界条件

走行中の窓の開いた電車を想定し,窓の開いている部分から長さ方向に流れが入ってくるようにし,連結ドアの部分から流出すると仮定し,その速度の大きさは窓から入ってくる流量と同じになるように設定しています.また,天井にある空調からはスイングしながら車両内に流れが流入し,ダクトから流出するようにし,その速さは窓からの流速の 3 割としました.ダクトの部分の速度の大きさは,空調から入ってくる流量と同じになるように設定しています.

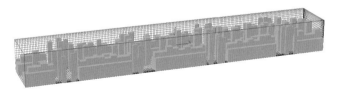

図 6.1 格子と座席および乗車率 100%（定員）のときの人の配置

図 6.2 座席,窓,空調と後部ドアの位置

6.3　計算パターン

　窓を1格子（13cm），2格子（27cm）開けたときについて，それぞれ空調なし，暖房，冷房，さらに乗車率が0%，50%，100%，150%，また，発生源が長さ方向前から2m，6m，10m，14m，の計76パターンの計算を行っています．

6.4　計算結果と考察

　図6.3は，格子数を長さ方向に400，幅方向に60，高さ方向に40，また窓を13cm開け，冷房を入れたときの速度ベクトルであり，$t = 3$秒のときの長さ方向，高さ方向，幅方向から見た中央断面におけるスナップショットを示しています．

(a) 長さ方向

(b) 高さ方向

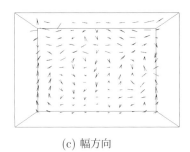

(c) 幅方向

図6.3　各方向から見た中央断面における瞬間の速度ベクトル

図 6.4 は同じケースの温度をシェーディングによって表したもので, $t = 3$ 秒のときの長さ方向, 高さ方向, 幅方向から見た中央断面におけるスナップショットです. 空調からの冷たい空気は車両の下側に流れていくことがわかります. また, ダクトが存在する, 車両の真ん中は冷たい空気があまり溜まっていないことがわかります.

(a) 長さ方向

(b) 高さ方向

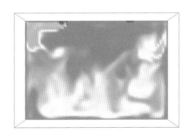

(c) 幅方向

図 6.4 各方向から見た中央断面における瞬間の温度分布

以下の図 6.5, 図 6.6 は同じケースのウイルス濃度をシェーディングによって表したもので, $t = 0$ 秒, $t = 1$ 秒, $t = 2$ 秒, $t = 3$ 秒の時の長さ方向, 高さ方向から見た発生源位置の断面におけるスナップショットです.

図 6.5 から, ウィルスは冷房の影響で下に移動しながら, 連結ドアの方向に流れていくことがわかります. また, 図 6.6 から, 最初の発生源の幅方向の位置付近だけなく, 幅方向全体に拡散していることがわかります.

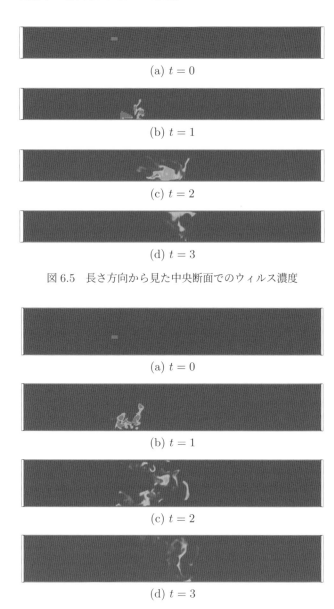

(a) $t = 0$

(b) $t = 1$

(c) $t = 2$

(d) $t = 3$

図 6.5　長さ方向から見た中央断面でのウィルス濃度

(a) $t = 0$

(b) $t = 1$

(c) $t = 2$

(d) $t = 3$

図 6.6　高さ方向から見た中央断面でのウィルス濃度

図 6.7 は細かい格子と粗い格子で，窓を 13cm 開けて，冷房を入れたときの $t = 0.4$，$t = 3$ 秒での長さ方向から見た発生源位置の断面におけるウィルス濃度のスナップショットです．(a)，(c) は格子数が長さ方向に 200，幅方向に 30，高さ方向に 20，(b)，(d) は格子数が長さ方向に 400，幅方向に 60，高さ方向に 40 の格子を用いた際のスナップショットです．細かい格子と粗い格子ではあまり差がないことがわかります．

　ケース数が多いため，計算時間が短く，使用メモリが少ない，格子数が長さ方向に 200，幅方向に 30，高さ方向に 20 の粗い格子を用いて全てのケースの計算を行っています．

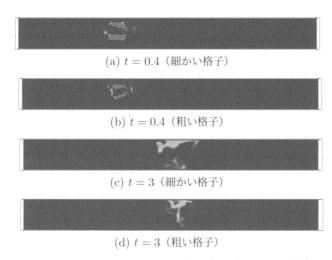

(a) $t = 0.4$（細かい格子）

(b) $t = 0.4$（粗い格子）

(c) $t = 3$（細かい格子）

(d) $t = 3$（粗い格子）

図 6.7　ウィルスの濃度（細かい格子と粗い格子による計算）

　図 6.8 は発生源が先頭から 10m の位置の場合，全ての観測位置におけるウイルス濃度を表したグラフです[*2]．どの計算結果でも，発生源よりも後ろの観測位置の中で一番近い 13m において，一番高い濃度が観測されます．また，そのピークが窓を 13cm 開けたときよりも窓を 27cm 開けたときの方が早く現れますが，このことは窓を 27cm 開けたときの方が，流れが速いことを示しています．

[*2] 物理的に考えて濃度は負の値をとることはありませんが，図 6.8，6.9，6.10 において計算誤差の影響でグラフの一部に負の部分が見られます．絶対値は小さいので 0 と考えます．

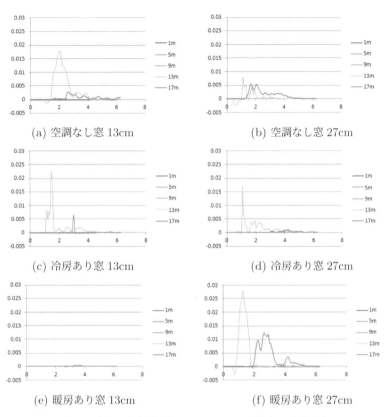

図 6.8　種々の観測位置におけるウィルス濃度の時間変化

　暖房ありの状態で窓を 13cm 開けた場合のみ，どの観測位置でもほとんど
ウィルスが観測されません．

　流れの可視化から，ウィルス（実際には飛沫粒子とも考えられるため以下で
は粒子と表現）のほとんどが発生源のちょうど上あたりにあるダクトから抜け
ています．暖房ありの窓を 27cm 開けた場合に同じようにならなかったのは，
窓を 27cm 開けた場合の方が，流れが速いためダクトに引っ張られずに流され
る粒子がより多かったからだと考えられます．また，空調なしの場合はダクト
が作動しておらず，冷房ありの場合では，重い冷たい空気が天井から入ってく
ることで粒子も下に移動して天井にあるダクトから離れていくため，ダクトの

影響が小さくなっています. 一方, 暖房ありの場合では軽い暖かい空気の影響で粒子も上に移動するため, ダクトの影響が大きくなったと考えられます.

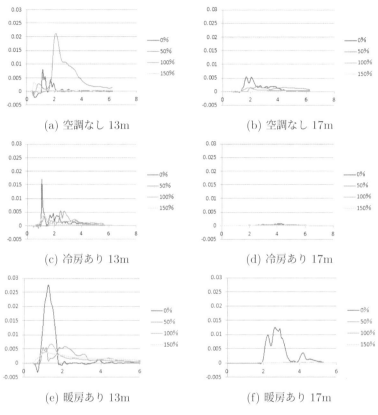

(a) 空調なし 13m

(b) 空調なし 17m

(c) 冷房あり 13m

(d) 冷房あり 17m

(e) 暖房あり 13m

(f) 暖房あり 17m

図 6.9　乗車率の影響（窓 27cm　ウィルス濃度の時間変化に対する影響）

　図 6.9 は図 6.3 と同じ発生源の位置で窓を 27cm 開けた際の, 観測位置が 13m と 17m の場合における乗車率が 0%, 50%, 100%, 150% の時のグラフです.

　空調オンの場合では, 乗車率 0% 以外は 17m の位置にはほとんど到達していません. 観測位置 13m では, 暖房ありの方が冷房ありと比べてピーク値も合計値も高くなっています.

　冷房ありと比べて暖房ありでは, 軽い空気の影響で粒子が上に移動するた

め，また観測地点は顔の高さを想定しているため，観測地点における濃度が暖房の方が全体的に高かったといえます．また空調なしと比べても，乗車率 50%以外の場合では，暖房ありの方がピーク値も合計値も高くなっています．

　空調なしの乗車率 50% 以外では，障害物がある方が観測値は低いですが，障害物があるとそれを避けるような流れになり，人が塊になっているところではウイルスはその場からあまり移動せずに少しずつ拡散すると考えられます．乗車率が高くなるほど人の塊が増え，連結ドアの方向への移動が遅くなったり，その場で停滞したりするため，乗車率の高い，100%，150% の場合は 13m 地点での観測値が低いと考えられます．

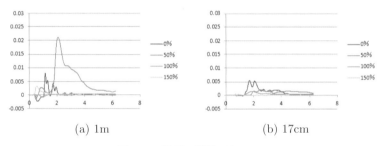

(a) 1m　　　　　　　　　　　　(b) 17cm

図 6.10　冷房の影響　窓 13cm

　図 6.10 は，冷房ありで窓を 13cm 開けた場合の全ての発生源における車両の一番前と一番後ろの観測位置，1m，17m でのウイルス濃度を表したグラフです．

　観測位置が 1m の場合でも，17m の場合でも，発生源が観測位置から一番近いところ以外ではほとんど粒子が観測されていないことがわかります．また，観測位置よりも発生源の方が後ろにあるにもかかわらず，観測位置が 1m のときで発生源が 2m のときの方が，観測位置が 17m のときで発生源が 14m のときに比べて，6 秒間の間に観測されるウイルス濃度は高くなっています．さらに，全ての発生源での濃度の合計値も観測位置 1m の方が高かいという結果が得られています．

　観測位置 17m は，全ての窓から入ってきた流れが足し合わさったあとの位置であるため，発生源の近くでも他の観測位置よりもその場での流速が速く，すぐに通過するので合計値が低いと考えられます．1m の位置ではそれより前

の位置から粒子が流れてくることはないものの，どの窓よりも前に位置しているため連結ドアの方向にあまり流されずその場で拡散するため，合計値が高くなったと考えられます．

6.5　まとめ

シミュレーションを行った結果，以下の結論が得られました．

- 冷房ありよりも暖房ありの方が顔の高さあたりで観測されるウイルス濃度が高い．
- 乗車率が高いときは流れがよどみ，連結ドアの方向にゆっくり移動する，もしくはウィルスも発生位置の周りでのみ広がる．
- 車両の先頭よりも後ろ側の連結ドア部分付近の方が観測されるウイルス濃度の合計値が低い．

Chapter 7

地面効果翼機周りの流れの解析

　翼と地面の間の距離が小さくなると**揚力**が増加し，**誘導抵抗**が減少するという現象が起きます．この現象を**地面効果**とよび，地面効果を積極的に利用する乗り物を**地面効果翼機**（**WIG** = Wing In Grand effect）といいます．日本では過去に試作機が作られたことが何度かありますが，まだ実用化されていません．しかし，WIG は高速水上輸送機関として，特に離島間の人や物資の輸送が高速化できるため，今後需要が見込まれます．本章では，はじめに WIG の特長や開発の歴史について簡単に述べます[*1]．次に効率のよい WIG を設計するためには，WIG まわりの流れを解析する必要があり，そのため流れの数値シミュレーションを行います．そして**揚抗比**に着目し，WIG の翼と地面との間の距離や翼の迎角を変化させ揚抗比に及ばす影響を調べます[*2, *3]．

7.1　地面効果翼機について

7.1.1　高速水上輸送

　われわれが通常利用できる水上交通機関は船と飛行機です．船は多くの人や物資を一度に運ぶことができるという大きな長所をもっていて，有史以来人間に利用されてきました．その反面，スピードが遅いという欠点があります．一般の客船は時速 15〜20 ノット（28〜37km）で運航しており，超高速船と呼ば

[*1] 久保昇三，松原武徳，松岡利雄，河村哲也：「WIG 研究の現状—μ sky（ミュースカイ）シリーズ開発を中心として—」．日本造船学会誌　第 731 号 1990. 5 pp.2-9.

[*2] 鬼岩あかり，河村哲也：「地面効果翼機周りの流れの解析」第 32 回数値流体力学シンポジウム講演予稿集 B11-2, 2018. 12.

[*3] Natural Science Report, Ochanomizu University, Vol. 71, No.1, No.2 (2021) Tetuya KAWAMURA, Akari ONIIWA and Aya SAITO Numerical simulation of flow around Wing-in-Surface-Effect under various conditions.

れる特殊船舶で時速 70km, レース用のモーターボートでも時速 80km 程度です. 一方, 飛行機は船ほど多くのものを運べませんが, スピードは速いという特徴をもっています. 小型のセスナ機で時速 200km, ジェット旅客機で時速 800〜900km 程度です. 水上輸送に船と飛行機のどちらが選ばれるかは用途によってはっきりしています.

陸上の交通機関は主に自動車と鉄道ですが, それらの時速は数十 km から 100 数十 km, 新幹線など高速鉄道で 200〜300km です. 陸上交通におけるこの速度範囲は水上交通では全く欠落している領域になります. しかし, 日本において主として離島間の交通に, 海外の多くの国ではそれに加えて湖沼や河川の交通に対して, こういった範囲の高速水上輸送に対する需要は大きいと考えられます.

飛行機が遠距離輸送を除き水上高速輸送手段として発展してこなかった理由として次のことがあげられます.

1. 経済効率の悪さ
2. 操縦の困難さ
3. 保守・維持・管理の困難さ
4. 墜落時の危険さ
5. 飛行場の維持・管理

これら飛行機がもつ短所をある程度克服できる乗り物として地面効果翼機 (WIG) があります. WIG とは飛行機の翼の性能が地面近くで格段に増す, すなわち, 地面近くでは翼に働く揚力が増加し, 誘導抵抗が減少するという「地面効果」を積極的に利用する乗り物であり, 陸上交通の速度範囲をカバーできる乗り物です.

7.1.2 WIG の特長

WIG には多種多様の形態が提案されていますが, 飛行機が短距離水上交通機関としてもつ欠点に対する WIG の特長は以下のとおりです.

1. 経済効率を考える上で初期コストと運用コストの 2 種類を考える必要があります. 初期コストに対して, WIG は高い高度を飛行することは想

定していないため構造が簡単で，その結果，製造コストは飛行機に比べ低くなります．運用コストは，地面効果により翼の性能が改善されるため，燃料費が低く抑えられます．また，操縦が容易であるため，操縦者養成が簡略化されます．その他，構造が簡単であるため整備費用も抑えられます．

2. WIG の運動はほぼ 2 次元的であり運転は自動車に近く，3 次元運動を基本とする飛行機の操縦に比べ容易です．

3. 飛行機の保守・維持・管理が容易でない原因は，エンジン関係，可動部の多さ，横に大きく張り出した翼にあります．エンジン関係の複雑さは 3 次元運動と，高度変化に伴う急な外界環境の変化に対応するためであり，WIG では考慮しなくてすみます．可動部の多さは高空における高速飛行と離着陸時の低速飛行を両立させるためであり，WIG では不要です．翼幅は地面効果によって短縮できます．

4. 墜落に対しては，WIG の飛行高度がたかだか数 m であるため，飛行機より安全です．万一，墜落しても突入角は小さく，転覆や破壊の可能性は飛行機より著しく小さく，なによりも利用者に対する安心感は大きいといえます．

5. WIG には飛行場は不要です．通常の港が利用可能であり，喫水がきわめて浅いため，砂浜や海岸からも可能になります．

7.1.3　WIG の種類

図 7.1 には久保 [1] による WIG の分類を示します．

a. 飛行艇形態

飛行機と同様に主翼，胴体，尾翼が分離した形をもっています．翼面積が相対的に小さいため，高揚力を得るために高速飛行をする必要があります．主翼を取り出して高性能化することができるため，大型の WIG に適しています．

b. リピッシュ翼形態

リピッシュ翼とよばれる特殊な逆三角形の翼形状と下反角をもっています．

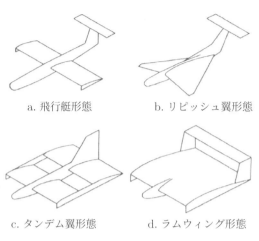

a. 飛行艇形態   b. リピッシュ翼形態

c. タンデム翼形態   d. ラムウィング形態

図 7.1 WIG の分類

この形態はグライダーや飛行機設計者で三角翼を考案した Lippisch が多くの風洞実験の結果をもとに提唱した形態であり，翼性能が高くなっています．飛行艇の一種ともみなせます．翼端板は必要としません．

c. タンデム翼形態

前後 2 枚の翼をもつ**タンデム翼**形態．前後の翼の干渉の問題はありますが，縦安定性を維持するための水平尾翼は不必要であるという長所をもっています．

d. ラムウィング形態

ラムウィング形態とは機体全体におよぶ全翼式の形態で，構造がもっとも単純になります．歴史的にみてもっとも早くから開発され，試作機も多くありま

図 7.2 RAMESES-I

す．カーリオ（Kaario,1935）による世界最初の WIG，日本初の試作機（川崎重工による KAG-3,1963），系統的研究・開発がはじめてなされた **RAMESES-I**（1975）はこの形態に属します（図 7.2）．この形態の欠点として縦安定性が不十分で，機首が急激に持ち上がるピッチアップ傾向があることがあげられます．

7.1.4　μ sky（ミュースカイ）シリーズ

　久保らはラムウィング形態に着目し，RAMESES-I を改良した試作機を 1980 年代後半から 1990 年代前半にかけて開発しました．これらは μ **sky（ミュースカイ）シリーズ**と名付けられましたが，設計思想は以下のとおりです．

1. 安定して安全に飛行する
2. 離水速度をなるべく小さくする
3. なるべく小型化する
4. 飛行機とは明確に区別される
5. 操縦の容易性を重視する

上記の条件 2 を満たすためには翼面積を大きくとる必要があります．さらに条件 3 を満たすためには全翼型にする必要があります．結果としてラムウィング形態になりますがこれは条件 4 を満たします．RAMESES-I は平板翼を使っていたため，機首上げの問題が起きましたが，μ sky では翼前縁に丸みをもたせることにより，上面における鋭い負圧ピークを抑えています．さらに水平尾翼および昇降舵をプロペラ後流中におくことによって剥離の影響をおさえ，低速時の昇降舵の利きをよくすることによって，実用上はピッチアップを防ぐ

図 7.3　μ sky-1

図 7.4　μ sky-2

ことが可能になりました．試作機は2種類作られ，最初のものは1人乗りの
μ sky-1，もうひとつは2人乗りの μ sky-2 です．およその形状を図に示すと
ともに，諸元を図7.5と表7.1に示します．

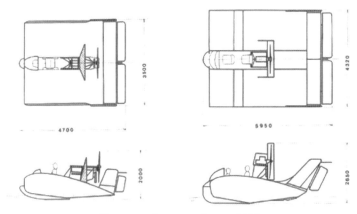

図 7.5　μ sky-1, μ sky-2 の形状

表 7.1　μ sky-1, μ sky-2 の諸元

		μ sky-1	μ sky-2
全　　長	(m)	4.4	5.95
全　　巾	(m)	3.5	4.32
全　　高	(m)	2	2.65
主翼面積	(m²)	14	19.2
翼面荷重	(kg/m²)	20.4	18.8
自　　重	(kg)	225	210
全　　備	(kg)	295	360
エンジン		ROTAX 532, 64hP, 水冷	同左
プロペラ		φ1.32m×4 枚	φ1.52m×3 枚
		木製	FRP 製
搭乗人数		1	2
離水速度	(km/h)	66*	62
最高速度	(km/h)	82*	85
主要構造：			
船体		CFRP	GFRP
尾翼		CFRP	アルミ・パイプ＋羽布
		アルミ・パイプ＋羽布	アルミ・パイプ＋羽布

* は試験データ

7.2 数値シミュレーションのための計算方法

コンピュータの発展により，飛行機や自動車などの設計段階で数値シミュレーションがさかんに利用されるようになってきました．数値シミュレーションが実験の代替になる部分が増えるに従い，開発費用が抑えられるとともに，開発期間も短縮されます．鳥取大学と三菱重工で開発された μ sky シリーズにおけるシミュレーションでは 2 次元性を仮定し，また波の影響も考慮されておらず，シミュレーションは補助的に用いられました．しかし，その後のコンピュータや計算方法の発展により，現在はそういった制約はありません．以下にラムウィング型の WIG に対する流体シミュレーション方法について述べます．

7.2.1 基礎方程式

地面効果翼機（WIG）の飛行速度での流れは非圧縮性流体の流れとみなせるため連続の式 (7.1) と運動方程式としてナビエ・ストークス方程式 (7.2) を使用します．

$$\frac{\partial u}{\partial x} + \frac{\partial v}{\partial y} + \frac{\partial w}{\partial z} = 0 \tag{7.1}$$

$$\left.\begin{array}{l} \frac{\partial u}{\partial t} + u\frac{\partial u}{\partial x} + v\frac{\partial u}{\partial y} + w\frac{\partial u}{\partial z} = -\frac{\partial p}{\partial x} + \frac{1}{Re}\left(\frac{\partial^2 u}{\partial x^2} + \frac{\partial^2 u}{\partial y^2} + \frac{\partial^2 u}{\partial z^2}\right) \\ \frac{\partial v}{\partial t} + u\frac{\partial v}{\partial x} + v\frac{\partial v}{\partial y} + w\frac{\partial v}{\partial z} = -\frac{\partial p}{\partial y} + \frac{1}{Re}\left(\frac{\partial^2 v}{\partial x^2} + \frac{\partial^2 v}{\partial y^2} + \frac{\partial^2 v}{\partial z^2}\right) \\ \frac{\partial w}{\partial t} + u\frac{\partial w}{\partial x} + v\frac{\partial w}{\partial y} + w\frac{\partial w}{\partial z} = -\frac{\partial p}{\partial z} + \frac{1}{Re}\left(\frac{\partial^2 w}{\partial x^2} + \frac{\partial^2 w}{\partial y^2} + \frac{\partial^2 w}{\partial z^2}\right) \end{array}\right\} \tag{7.2}$$

$u,\ v,\ w$：速度, p：圧力, Re：レイノルズ数

7.2.2　解法

　上記の方程式を，曲線格子に対応させるため，一般座標変換します．得られた方程式はフラクショナルステップ法を用いて解くことができます．時間間隔 $\Delta t = 0.001$ とし，無次元時間で 20 まで計算しました．

7.2.3　モデル化と格子生成

（1）モデル化

　本章では，WIG として μ sky-1 を想定し，その簡略化のモデルを作成し 3 次元数値シミュレーションを行います．翼形は NACA0012 型をもとに翼の厚さを増したものとします．なお，実際の μ sky シリーズではゲッチンゲン翼型が用いられました．機体は中空構造をもちアスペクト比は 1 とします．そして，スパン方向の両翼端には，端板を取り付けた場合と取り付けない場合の両方を計算しました．また，翼下流端と水面間の距離 d は翼弦長の 1/10，迎角 α は 10° を基本とし，場合によってはそれらを変化させた計算も行っています．レイノルズ数は格子の解像度を考慮して 10000 としています．

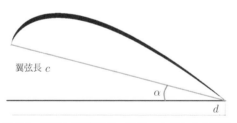

図 7.6　翼形と翼弦長さ，迎角，水面からの距離

（2）計算格子

　計算領域では WIG を図 7.7 のように 2 分割しました．格子は翼に沿ったものとし，格子数は図の領域 1 では $(X \times Y \times Z =) 181 \times 41 \times 31$，領域 2 では $(X \times Y \times Z =) 119 \times 31 \times 31$ です（図 7.7，図 7.8）．また，翼に近くなるにつれて格子数を細かくとっています（図 7.8）．なお，水面形状が時間的に変化する場合には，時間経過とともに格子を生成します．

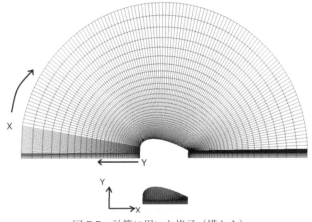

図 7.7　計算に用いた格子（横から）

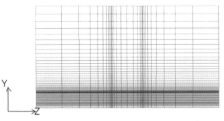

図 7.8　計算に用いた格子（後ろから）

7.3　境界条件と計算パラメータ

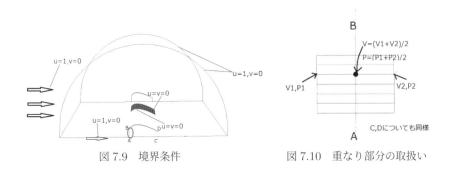

図 7.9　境界条件

図 7.10　重なり部分の取扱い

境界条件は図 7.9 と図 7.10 に示しています．計算を行うにあたって以下を
パラメータとして変化させています．

d'：翼弦長を 1 としたときの後縁と水面との距離の値 (d/c)
α：迎角
Re：レイノルズ数

なお，これらは特筆しない場合,

$d' = 0 : 1$
$\alpha = 10°$
$Re = 10000$

としています．ただし，レイノルズ数は格子の解像度を考慮した値になってい
ます．

7.4 結果と考察

7.4.1 結果の比較方法

結果を比較するにあたっては，主に**揚抗比**の値を用いることとします．揚抗
比とは，揚力を抗力で割った値であり，この値が大きいほど飛行の効率が良い
ことを表します．

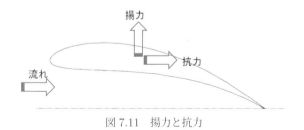

図 7.11 揚力と抗力

なお，以下に示す圧力と大気の流れの図は主として翼幅の中心で切り取った
平面のものです．また，翼下面と上面の圧力差が大きいほど揚力が大きいこと

を表します.

（1）水面と後縁の距離の変化による効果

　水面と後縁の距離 d' を変化させ，その効果を検証します.

　図 7.12 は 3 種類のレイノルズ数に対する計算結果ですが，d' が大きくなれば，すなわち水面から機体が離れるほど，揚抗比の値が小さくなり飛行における効率が悪くなることがわかります.

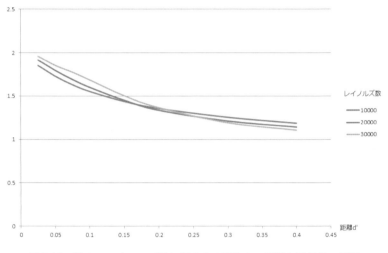

図 7.12　種々のレイノルズ数に対する水面からの距離と揚効比の関係

　この d' における $Re = 10000$ での中央断面内の圧力場を示します[*4]. 図 7.13 と図 7.14 は端板ありの結果で，図 7.15 と図 7.16 は端板なしの結果です.

　図 7.12〜7.16 より，d' が大きくなればなるほど，圧力差は小さくなっています. また，翼下面に渦ができており，それが圧力図にも反映されていることが分ります. さらにこの図でははっきりしませんが速度図から，翼後端から強い気流が噴出していることがわかります（図 7.24, 7.26 参照）. そして，翼上面の圧力が低くなっている部分に**剥離渦**が見られます.

[*4] カラーの図を白黒表示したためわかりにくくなっていますが，カラーの図では赤が高圧で主に先頭部分に現れ，青が低圧で主に翼の上面に現れています.

図 7.13　圧力場（距離小，端板あり）

図 7.14　圧力場（距離大，端板あり）

図 7.15　圧力場（距離小，端板なし）

図 7.16　圧力場（距離大，端板なし）

（2）迎角の変化による効果

　迎角 α を変化させ，このことによる効果を調べます．

　図 7.17 より，いずれのレイノルズ数に対しても α が大きくなるにつれ，揚抗比の値が大きくなり飛行における効率がよくなりますが，$\alpha = 11^\circ$ を超えると揚抗比の値は小さくなり効率が悪くなります．

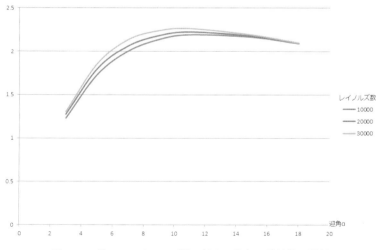

図 7.17　種々のレイノルズ数に対する迎角と揚効比の関係

　以下に $Re = 10000$ でのいくつかの α における中央断面内の圧力場を示します．図 7.18 と図 7.19 は端板ありの結果で，図 7.20 と図 7.21 は端板なしの結果です．これらの図より，α が大きくなるにつれ，翼下面にはあまり大きな変化は見られませんが，翼上面の圧力が低くなります．すなわち，下面と上面の圧力差が大きくなっていることがわかります．

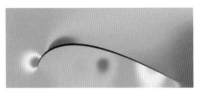

図 7.18　圧力場（迎角小，端板あり）

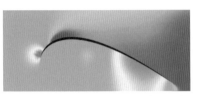

図 7.19　圧力場（迎角大，端板あり）

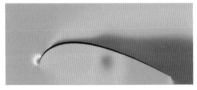

図 7.20　圧力場（迎角小，端板なし）

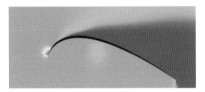

図 7.21　圧力場（迎角大，端板なし）

（3）翼端板の効果

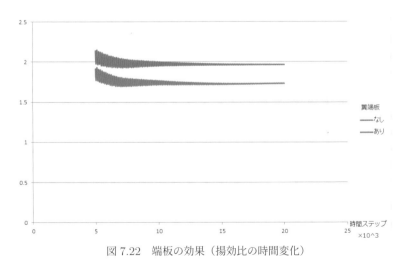

図 7.22　端板の効果（揚効比の時間変化）

翼端板の設置の有無による揚効比の時間変化を $Re = 10000$ に対して図 7.22 に示します．初期に線が太く見えるのは値が変動しているためですが，時間経過とともに落ち着きます．この図より，端板を設置すると揚抗比の値が 15% 程度大きくなっています．また図 7.23 から図 7.26 に翼端板がある場合と無い場合の横方向から見た中央断面内の流れ場を示します．図 7.23 と図 7.24 は端板がある場合の圧力分布と速度ベクトル，図 7.25 と図 7.26 は端板がない場合の圧力分布と速度ベクトルです．端板がある場合，翼下面に空気が閉じこめられ易く，圧力が高くなっています．

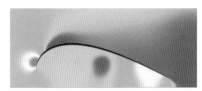

図 7.23　圧力場（端板あり）

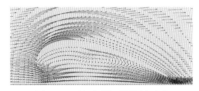

図 7.24　速度場（端板あり）

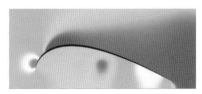

図 7.25　圧力場（端板なし）

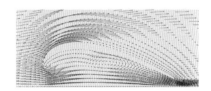

図 7.26　速度場（端板なし）

図 7.27 と図 7.28 に翼端板がある場合と無い場合の後方から見た流れ場を示します．このときの断面は図 7.29 に示す断面です．翼端板が有る場合，**翼端渦**がおさえられていることがわかります．

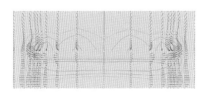

図 7.27　後方から見た速度場（端板あり）

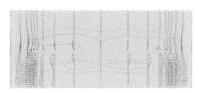

図 7.28　後方から見た速度場（端板なし）

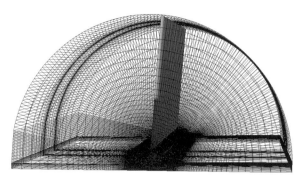

図 7.29 前の 2 つの図の速度場を描いた面

7.5 まとめ

本章では，ラムウィング形態の WIG の飛行に着目して，効率よく飛行するための条件をシミュレーションによって検証しました．

水面と機体の距離の変化による効果については可能な限り水面に近いところで飛行することが望ましいことがわかりました．

迎角の変化による効果については，$\alpha = 3°$ から $\alpha = 11°$ の範囲で計算を行いました．$\alpha = 10°$ 付近までは迎角が大きくなるほど効率よく飛行できますが，$\alpha = 11°$ 以降は効率が落ちることがわかりました．迎角が大きくなりすぎると飛行が不安定になることも考慮に入れると $\alpha = 10°$ 付近での飛行を維持することが効率の良い安定した飛行につながるということがわかります．

レイノルズ数の変化による効果については，その値を 10000 から 100000 の範囲で検証し，現状計算可能な範囲ではその値が大きいほど効率がよく，想定される運用スピード（時速 100〜200km）を考えればレイノルズ数をさらに大きな値に設定する必要があります．

翼端板の設置は，揚抗比の値に 15% 程度影響を及ぼし，翼端渦を抑えることができることがわかりました．

Chapter 8

複数のサボニウス風車まわりの流れ

　垂直軸効力型の風車のひとつにサボニウス風車があります．サボニウス風車には，低速回転，高トルクという特徴があるため，風力発電に用いられることはほとんどなく，揚水や粉ひきなどに用いられます．一方，最近注目されている海流発電は，大きな潜在力をもちながらも，研究例は少なく，実用化はなされていません．海流は比較的低速であるため，**サボニウス型回転装置**（サボニウス風車と同じものですが，海流発電に用いるときは回転装置ということにします）を用いた発電は大きな可能性をもっています．サボニウス型回転装置の性能を調べる上で数値シミュレーションが効果的ですが，数値シミュレーションを行う上で，回転装置を含む領域を格子分割する必要があります．サボニウス風車は幾何学的には単純な形状をしていますが，解析に適した格子をつくることはあまり容易ではありません．本章では，複数の回転装置が独立して回転する場合にも適用できる差分格子を生成するとともにそれを用いた流れのシミュレーション例を示します．

8.1　サボニウス型回転装置

　サボニウス風車（回転装置）は図 8.1 に示すように，縦方向に置いたドラム缶のような中空の円筒を，軸を含む面で 2 つに割ってそれを重なりをもつように横方向にずらせた形状をしています．この風車はフィンランド人技師サボニウスによって考案され 1924 年に特許がとられているため，サボニウス風車とよばれています．サボニウス風車で重なり部分をなくした場合は，上から見るとアルファベットの S の形をしているため特に S 字型風車とよばれます．風車の径と重なり部分の長さの比 s/d を**オーバーラップ比**といいます．サボニウス風車の特性に関する詳細な実験から，オーバーラップ比が 0.3 程度のとき最大のパワーが得られます．

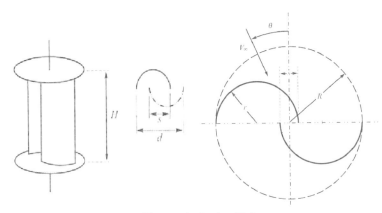

図 8.1　サボニウス風車

　サボニウス風車では，円筒形のブレード内側で受ける抵抗の方が外側で受ける抵抗よりも大きく，その差によって回転力が発生します．また内側で受けとめた空気の一部が，オーバーラップ部分に流れ込み，反対側にあるブレードを押す形になるため，S 字型風車より効率がよくなります．

　サボニウス風車は回転軸と流れが垂直になっているため，垂直軸型とも分類されます．**垂直軸型風車**には風向によらず回転できるという利点があります．ただし，風向きが特別な角度のとき，回転力が生じないこともあり得ますが，自然の風は風向がたえず変化するため，特別な装置をつけなくても自然に回転を始めます．すなわち**自己起動性**があります．なお，回転を維持するためには風（流体）が風車を押し続ける必要があります．回転速度がある限度を超えると風は風車を押すことができなくなるため，回転速度には限界があります．トルクは風車が静止しているとき最大で，風車が回転を始めると風と風車の相対速度が小さくなるため減少します．風車が風から取り出せるパワーはトルクに回転速度を乗じたものなので，回転数を横軸，パワーを縦軸にとったグラフではピークをもつ形になります．実験から最大値は周速比（＝ 先端の速度/風速）がおよそ 0.6 のときに得られることが知られています．パワー係数は一般に高速回転する風車が大きく，サボニウス型では 0.1〜0.2 程度です．なお，本シリーズの「流体力学の基礎」で述べたようにどのような風車であってもパワー係数は約 0.6 を超えることはありません．図 8.1 の左に示すように，ふつうサボニウス風車では，軸方向に蓋（端板）を取り付けます．このことにより性能

を上げることができます.

8.2　サボニウス型回転装置に対する格子

　差分法で複雑な領域を格子分割する場合に通常とられる方法として, 単一の格子で分割するのではなく, もとの領域をいくつかの小領域に分割してそれらをつなぎ合わせるという方法があります. このとき領域の境界では格子点が一致していることが望まれます. 一致させるのが困難な場合には, 2つの領域を, 重なりをもつように重ね合わせて, 一方の境界での物理量を他方の領域の隣接格子点における物理量から補間するという手続きがとられます. この場合も, 補間の精度を上げるためには1方向の格子線は2つの領域で一致していることが望まれます.

　本節における格子に対する別の要求として, 回転する物体を適切に表現できることがあげられます. 風車のような回転物体まわりの流れの有効な解析法として, 基礎方程式であるナビエ・ストークス方程式を物体とともに回転する回転座標系で表現するという方法があります. そのようにすれば格子を回転させることなく計算が可能になります.

　ただし本質的な問題点として, 多くの風車が回転している状況をシミュレーションする場合に, ひとつの回転系では表現できないことがあげられます. このような場合にはそれぞれの風車ごとにそれに合った別々の回転座標系を使い, 適切につなぎ合わせる必要があります.

　本章の解析対象として複数風車の場合も含まれるため, つなぎ合わせのときになるべく精度がよくなる格子が望まれます. これらの要求を満たす格子として, 次のような格子があります. なお, 2つのサボニウス風車（回転装置）が近接しておかれた状況を想定しています.

(1)　ひとつのサボニウス風車を含む領域は5つの部分領域から成り立つ.

(2)　この5つの領域は入れ子状になっている.

(3)　一番外側の領域 A は, 長方形から一部分欠いた凹型をしている.

(4)　ひとつ内側の領域 B の外縁は（3）の凹んだ部分に正確にはまる長方形（正方形）形状をしている.

(5)　　　領域 B の内縁は円形をしている.

(6)　　　さらにもうひとつ内側の領域 C は外縁が円形, 内縁はサボニウス風車の
　　　　ブレードを一部分含むようなダンベルのような形状をしている. 領域 B
　　　　の内縁と領域 C の外縁は 1 格子分重なっている.

(7)　　　ダンベル形状の外縁をもつ領域 D には, サボニウス風車特有のオーバー
　　　　ラップ領域を取り除いた形状をしている.

(8)　　　もっとも内側の領域 E は上記のオーバーラップ領域である.

上記 (3) の領域 A はサボニウス風車が 1 台の場合には不要です. その場合は
領域 B の外部境界を十分に遠方にとります. サボニウス風車が 2 台の場合に
は, 領域 A を, 凹みがある辺で上下に折り返してつなぎ合わせて領域を 2 倍
にすれば, 近接した 2 台の風車を表現できます[*1]. 領域 B の外側領域の格子点
は, 領域 A の凹み部分の格子点と 3 辺で完全に一致させるようにとります. こ
の格子点を出発点として外側 (図 8.2 では凹みの左右と下方向) に徐々に広く
なるように格子を生成します. 残りの部分 (図 8.2 の凹みの左下と右下) の格
子は自動的に決まります. この作り方から領域 A の格子はデカルト座標系を
ベースにしたものになります.

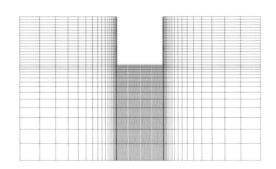

図 8.2　領域 A の格子の例

　上記 (4), (5) の領域 B は外部境界が長方形 (正方形) で内部境界が円
の形をしています. 円柱座標をもとに格子を生成します. 内側の円周上では等

[*1]　2 つの逆さにつなぎ合わせた凹型から右部分を取り除き, 鏡写しにすれば 4 台の風車に対す
　　る格子もできます. さらに台数を増やすことも可能です.

間隔に点を分布させます．領域 B は必ずしも正方形でなくてもよいのですが，正方形の方がプログラムは容易になります．なお，同じ数の格子を外側の長方形の周に分布させます．したがって，外側が正方形で等間隔に格子を分布させる場合には格子点数は 4 の倍数になります．領域 B の格子は外側と内側の格子点を順番に結ぶことで得られます（たとえばもっとも近くの点を結びます）．この放射状に延びた格子線上にそれぞれ同じ数だけ適当な規則にしたがって格子点を分布させます．規則としては内側から外側に向かって，たとえば等間隔であるとか等比級数的に間隔が広くなるようにします．なお，最内側の格子線は円ですが，それよりひとつ外側の格子線も円になるようにします．そのようにすることにより回転する領域である領域 C とのデータのやり取りが容易になります．領域 B の格子は極座標がベースになっています．図 8.3 に領域 B の格子の例を示します．

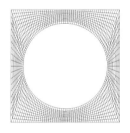

図 8.3　領域 B の格子の例

　上記（6）の領域 C において最外側の格子線は領域 B の最内側よりひとつ外の格子線と一致するようにとります．また，領域 C の最外側よりひとつ内側の格子線と領域 B の最内側の格子と一致するようにとります．このことにより領域 B と領域 C は格子が 1 つ分重なります．

　領域 C の内側境界の格子線はその一部分に風車のブレードを含みます．このとき 2 枚あるサボニウス風車のブレードはそれぞれ半円です．風車の回転軸を原点にとったとき，1 枚のブレードの両端が x 軸上にあり，上側に凸の状態でその大部分が第 3 象限にあるとします．このブレードの左端から，円に沿って円周の 1/4 よりも右の適当な位置（たとえば円周の 3/8）まで進み，その点から x 軸に平行にもうひとつのブレードを表す半円を含む円に交わる点まで進

みます．それ以降は，円に沿って下側に x 軸に交わるまで進みます．このようにして第3象限と第1象限に2つの円周の一部分と直線からなる曲線ができます．さらに点対称性を使って 180° 回転させれば閉曲線ができるため，これを内側の格子線とします（図 8.4 のようなダンベルに似た形状）．

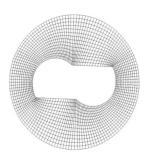

図 8.4 領域 C の格子の例

　領域 C の外側には等間隔で格子点を分布させ，内側でも円周上には等間隔に格子を分布させます．直線上の格子は2つの端点に向かって多少細かくなるように格子点を分布させます．なお，外側境界と内側境界の格子点数は同じにする必要があります．このようにして境界上の格子点が決まれば，領域 B と同じくもっとも近い格子点どうしを直線で結び，直線上では内側境界に向かって細かくなるように格子点を分布させます．あるいは前述の2方向補間法を用いることもできます．この作り方から領域 C は領域 B と同様に極座標がベースになっています．

　上記（7）のダンベル形状の領域 B 内の格子は以下のようにして生成します．点対称であるため，左半分 $(x < 0)$ を考え，右半分は 180° 回転させます．半円の内側と座標軸をはさんで反対側（外側）の2つの領域に分けて考えます．半円の内側の領域は外部境界が円の一部なので，極座標が自然ですが，極の近くで格子幅が非常に小さくなることを防ぐため，デカルト座標をベースにします．この場合，半円を長方形とみなすため，半円の両端および，円周上で左から進んで円周のたとえば 1/8 と 3/8 の点（領域 C で 3/8 とした場合）を4つの角点とみなします．

　2方向ラグランジュ補間では4つの辺を表す曲線上の格子点を指定します．

円周上にある点は等間隔にとります．一方，x 軸上では第 2 象限にあるブレードの左端と第 4 象限にあるブレードの左端の間に両方の端点に近づくほど細かくなるように格子点を分布させます．このとき，ギャップ部分は 1 格子であり，幅が非常に粗くなりますが，最終的には使わないのでこのままにしておきます．補間を行ったあと右から 2 番目の格子線までを実際の格子とします．

半円の外側（x 軸より下側）では左の半円を延長し，左端 A から下側に円周上に円周の長さの 1/8 進んだ点 B，同じくもうひとつのブレードの左端から円周の長さの 1/8 すすんだ点 C を 2 頂点にもち，さらに上で述べた半円領域の x 軸上の 2 点 A,D を 2 頂点とする四辺形に，2 方向補間を用いて格子点を分布させます[*2]．あとは前述のように 180° 回転させることにより図 8.5 に示すようなダンベル内のデカルト座標をベースにした格子ができます．なお，中央部分に空洞ができます．

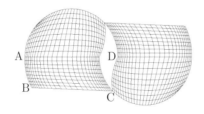

図 8.5　領域 D の格子の例

上記（8）では最後に空洞部分の格子を生成します．この領域は菱形に似た形状をしています．すでに上記（7）において，菱形の 4 辺上の格子点の座標は決まっているため，2 方向補間によって内部の格子点が得られます．

図 8.6　領域 E の格子の例

[*2] 図 8.5 参照.

以上の入れ子構造の 5 種類の格子のなかで，内部 4 つをまとめて表示すると図 8.7 のようになります．

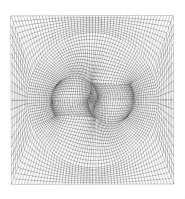

図 8.7 領域 B，C，D，E を重ねた図

複数の回転体がある場合は，上の格子を並べ，それらを取り囲む領域でのデカルト座標ベースの格子を生成します．特に 2 つのサボニウス型回転体の場合は，凹面の上辺で折り返した格子を計算に用います．格子の例を図 8.8 に示しますが，スペースの関係で 90° 回転したものを表示しています．

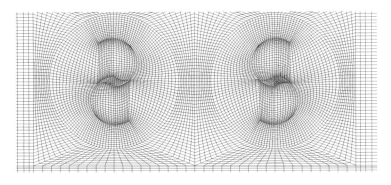

図 8.8 2 つの回転装置が逆方向回転する場合の格子（一部分）

8.3　複数台のサボニウス風車まわりの流れ

　格子ができれば，あとは適当な数値解法を用いて流れが計算できます．3次元への拡張や境界条件の課しやすさから，MAC 法やフラクショナルステップ法が適当です．以下，フラクショナルステップ法を用いた計算結果を示します．

　プログラムの基本構造は領域がいくつあっても同じですが，領域の境界の数が増えるため，境界の数だけ境界条件を課す必要があります．また，圧力の境界条件は境界で導関数値を与えるノイマン条件であるため，圧力のポアソン方程式を反復法で解く場合には，反復の1回ごとに境界での圧力を修正する必要があります．また 8.2 節で述べた領域 B と領域 C の境界では回転系と非回転系のデータをやりとりする必要があります．圧力は影響を受けませんが，速度については式 (4.18) と式 (4.19) を用いて相互に変換する必要があります．すなわち，静止系の領域 C の境界における格子点の速度 (u, v) は回転系の領域 B の境界における格子点の速度 (U, V) から式 (4.19) を用いて変換して補間に使います．同様に回転系の領域 B の境界における格子点の速度 (U, V) は静止系の領域 C の境界における格子点の速度 (u, v) から式 (4.19) を用いて変換して補間に使います．なお，領域 B と領域 C はどちらも円周上にあるので，角度方向だけ補間を行えばよいことになります．すなわち，それぞれの領域の境界格子点が他の領域のどの格子点の間にあるかを，回転角を角度方向の格子幅で割るなどして計算し，着目点の両側にある格子点の値から線形補間します．

　図 8.9 は図 8.8 の格子を用いて計算した結果をある瞬間における速度ベクトルで表示した図です．レイノルズ数は 10000 で，周速比が両方の風車とも 0.4（これは独立に自由にさせることができます）で逆回転，風車間の回転中心を結んだ線に対して 0°，45°，90° の角度で流れが当たっている場合です．また，図 8.10 は図 8.9 と同じパラメータですが，2つの風車が同方向回転している場合の結果です．

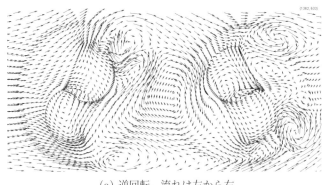

(a) 逆回転　流れは左から右

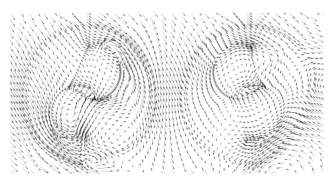

(b) 逆回転　流れは左上から右下（45°）

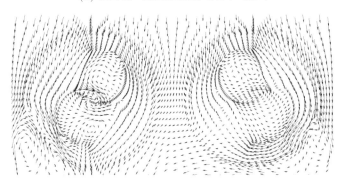

(c) 逆回転　流れは上から下（90°）

図 8.9　種々の迎角における瞬間速度ベクトル（逆方向回転）

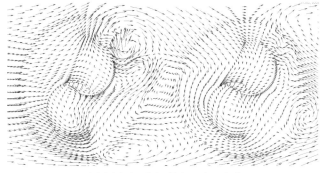

(a) 同方向回転　流れは左から右

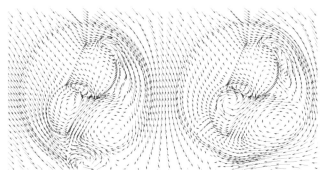

(b) 同方向回転　流れは左上から右下（45°）

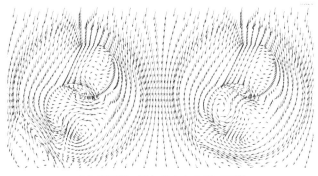

(c) 逆回転　流れは上から下（90°）

図 8.10　種々の迎角における瞬間速度ベクトル（同方向回転）

　なお，最も外側の領域 A の形を変化させるだけで，風車がいくつあっても，あまりプログラムを変更することなく計算できます．図 8.11 は風車が 6 台あったときの計算結果で，周速比は 0.4 で，それぞれの風車が逆回転するようにした場合の結果です．左上から（3 台の風車の中心を結ぶ線に対して）30°の角度で流れがあたっています．

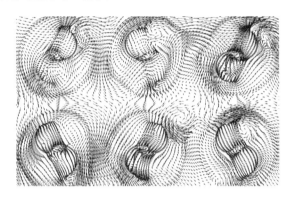

図 8.11　6 台の風車まわりの流れ（各風車は逆方向回転，迎角 30°）

Chapter 9

山越え気流による雲の生成

　5 章で述べた密度成層流に対するシミュレーションの例として本章では安定成層中の山越え気流による雲の生成のシミュレーション[*1, *2]を紹介します。このとき山の風下側には山岳波とよばれる波動が生じます。空気が十分に湿っている場合には、まず山を空気が越えようとしたとき、山に沿って気温減少があるため凝結して雲が発生します。山を超えると山岳波による下降気流のため温度上昇が生じて雲は消えますが、気流が波打っているため、また上昇に転じ、雲が発生します。その後、こういったことを繰り返すため、条件によっては山岳波の波長程度の間隔で、雲が並んで見られる可能性があります。シミュレーションに用いる基礎方程式は 5 章で示しましたが、それ以外に雲をどのように取り扱うかについて考える必要があります。

9.1　雲の表現

　雲を表現するには、水蒸気を湿度と温度をもった小さな粒子（空気の塊）と考えて、流れとともに移動させ、その粒子の温度が**露点**より低くなった段階で雲と判定するという方法がもっとも直接的です。このとき、露点は初期の温度と湿度からあらかじめ計算しておきます。具体的には、**テテン（Tetens）の実験式**

$$e = 6.11 \times 10^{7.5T/(237.3+T)} \times \frac{hum}{100} \quad (e：水蒸気圧 \quad T：温度 \quad hum：湿度)$$

(9.1)

を用いて温度と湿度から水蒸気圧を求めます。露点 (T_d) は湿度が 100% になる温度であるため、式 (9.1) の hum に 100 を代入して T について解いて、そ

[*1] 篠原亜紀子：お茶の水女子大学大学院数理・情報科学専攻 平成 13 年度 修士論文.
[*2] 土屋なお子：お茶の水女子大学理学部情報科学科 平成 16 年度 卒業論文.

れを T_d と記せば

$$T_d = 237.3 \times \frac{\log(e/6.11)}{7.5\log 10 + \log(6.11/e)} \tag{9.2}$$

となります．ただし，式 (9.1) は水に対するものであり厳密にいえば氷には使えません．ここでは，簡単のため氷点下でも常に水（**過冷却状態**）であるとしました．さらに，降雨による水分量の減少，すなわち露点の変化はないと仮定しているため，温度が露点を上回ったものは再び水蒸気に戻るものとしています．また，雲の発生に伴う流れへの影響は，**潜熱**の放出も含めて，考慮していません．なお，潜熱の放出は熱源として方程式に取り込むことは可能です．

　以上の方法では実際には大気中に無数にある水蒸気のかたまりを少数の粒子で表現しています．そのため，なるべく粒子の個数を増やすのが望ましいのですが，個数の増大にともない計算量も膨大になります．そのため，少ない粒子であってもなるべく正確な結果が得られるように次式で定義される雲の密集度を表す関数を用意します．

$$Cld(j,\ k,\ l) = \sum_{i=1}^{imax} exp(-ad_i^2) \tag{9.3}$$

ここで，i_{max} は粒子の数，d_i は i 番目の粒子と格子点 $(j,\ k,\ l)$ の間の距離を表します．式 (9.3) の指数関数は距離 d_i が小さいほど大きな値をとるため，粒子に近いほど雲量が多いということを表しています．このようにすることにより，有限個の雲粒子の隙間を連続的に埋めることができ，さらに複数個の粒子が集まる格子点で大きな値となるため，雲の厚みを表現できると考えられます．

　雲粒子を運動させる場合，格子点と粒子の位置は一致しないため隣接の格子点における流体の流速を補間して粒子の速度を決める必要があります．この場合，一般には格子は直方体ではないため，図 9.1 の記号を用いて以下のような簡便な補間を用いています．

$$\boldsymbol{v}' = \frac{\sum_{i=1}^{8} \boldsymbol{v}_i/r_i}{\sum_{i=1}^{8} 1/r_i} \tag{9.4}$$

このように求めた速度から，粒子の新しい位置は

$$\boldsymbol{x}^{n+1} = \boldsymbol{x}^n + \boldsymbol{v}'\Delta t \tag{9.5}$$

により計算します（図 9.2）.

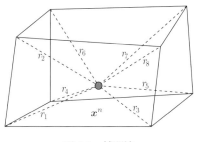

図 9.1　補間法

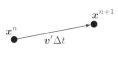

図 9.2　粒子の移動

9.2　フルード数と気温減率の関係

　流れをフルード数（およびレイノルズ数）により決定し，粒子の初期の温度
分布は気温減率から決めるとします．計算の中ではこれらのパラメータは独立
に存在していますが，Fr と γ はともに大気の安定性に関連したパラメータで
あるため，任意に与えるのではなく現実に矛盾しないように，フルード数と気
温減率を関連づける必要があります.

　フルード数はブラント・バイサラ振動数を N とすれば

$$Fr = U/(Nh) \quad (U: 代表速度（一様風速）, h: 代表長さ（山の高さ）) \quad (9.6)$$

となります．一方，定義から $dT/dz = -\gamma$ であるため

$$Fr = \frac{U}{h\sqrt{(g/T)((g/C_p) - \gamma)}} \tag{9.7}$$

となります．ここで，$Fr = \infty$（中立）のとき気温減率が断熱線の傾きと一致
するため，

$$Fr = a\frac{U}{\sqrt{9.76 - \gamma}} \tag{9.8}$$

となります．a は h や T に依存するパラメータですが，以下の計算では
$a = 2.4 \times 10^{-1}$ を使用しています.

9.3　数値解法

　基礎方程式の数値解法としていろいろな方法が考えられますが，以下の計算では標準的な MAC 法を用いています．差分近似としては，高レイノルズ数でも安定した計算ができるように，ナビエ・ストークス方程式および密度方程式の移流項に対して 3 次精度の上流差分を用いています．その他の空間微分は中心差分，時間微分は前進差分（**オイラー陽解法**）で近似しています．

　計算領域としては図 9.3 に示すような直方体領域をとり，山としては富士山を想定して直径 40km，高さ 4km の円錐形のものを考えています．領域の広さは風向き方向に 80km，横断方向に 40km，高さ方向に 12km としています．また，孤立峰の影響を調べることが目的であるため周囲の山は除外しています．粒子を入れる位置は，$x = 0$，$10 < y < 30$，$0 < z < 7$ として，y および z 方向にそれぞれ 2km および 0.5km 間隔に 150 個の粒子を無次元時間 1 ごと

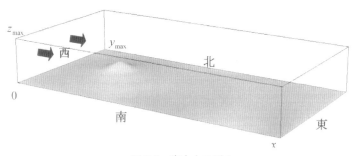

図 9.3　富士山モデル

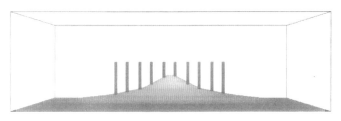

図 9.4　雲粒子の発生位置（風下側から見た図）

に繰り返し投入しています．図 9.4 はこの状況を風下（東側）から見た図で説明したものです．

　雲粒子の追跡などに計算時間がかかるため，格子は流れ方向に 61 点，他の方向は 31 点にして計算しています．ただし，このような少ない格子でもなるべく精度の高い計算を行うため，境界適合格子系（一般座標）を用い，さらに山の近くで格子を細かくとっています．図 9.5 に用いた格子の一部を示しています．初期条件は全領域で流体が静止し，圧力変動や密度変動はない ($u = 0$, $p = 0$, $\rho = 0$) として，そこに突然境界から風が吹き込んだとしています．境界条件については表 9.1 に，計算に用いたパラメータは表 9.2 にまとめています．また，図 9.6 にプログラムの流れ図を示しています．

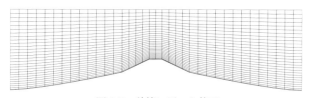

図 9.5　計算に用いた格子

表 9.2　境界条件

・風上側	速度：一様流，圧力変動：外挿，密度変動：0
（西側）	$u = 1$, $v = w = 0$, $\dfrac{\partial p}{\partial x} = 0$, $\rho = 0$
・風下側	速度：外挿，圧力変動：外挿，密度変動：外挿
（東側）	$\dfrac{\partial u}{\partial x} = \dfrac{\partial v}{\partial x} = \dfrac{\partial w}{\partial x} = 0$, $\dfrac{\partial p}{\partial x} = 0$, $\dfrac{\partial \rho}{\partial x} = 0$
・上面	速度：滑り条件，圧力変動：外挿，密度変動：外挿
	$\dfrac{\partial u}{\partial z} = \dfrac{\partial v}{\partial z} = 0$, $w = 0$, $\dfrac{\partial p}{\partial z} = 0$, $\dfrac{\partial \rho}{\partial z} = 0$
・下面	速度：粘着条件，圧力変動：外挿，密度変動：外挿
	$u = v = w = 0$, $\dfrac{\partial p}{\partial z} = 0$, $\dfrac{\partial \rho}{\partial z} = 0$
・側面	速度：外挿，圧力変動：外挿，密度変動：外挿
（南北側）	$\dfrac{\partial u}{\partial y} = \dfrac{\partial v}{\partial y} = \dfrac{\partial w}{\partial y} = 0$, $\dfrac{\partial p}{\partial y} = 0$, $\dfrac{\partial \rho}{\partial y} = 0$

表 9.3　計算に用いたパラメータ

パラメータ	数値
X 方向の格子数	61
Y 方向の格子数	31
Z 方向の格子数	31
タイムステップ数	8000
時間刻み幅	風速により変化 0.015,0.010,0.0075,0.005
ポアソン方程式の反復回数	20
ポアソン方程式の収束誤差	0.001
レイノルズ数	2000
フルード数	変化させる
Y 方向の粒子数	10
Z 方向の粒子数	15
時間方向の粒子数	$0 \sim 80$
湿度	変化させる
気温減率	変化させる
地上の温度	15

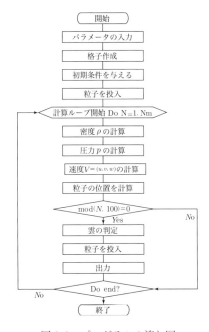

図 9.6　プログラムの流れ図

9.4 計算結果

　以下に，いままで述べた方法によって得られた典型的な計算結果を示します.

　はじめにフルード数が山越え気流に及ぼす影響を調べるために $Fr = 0.5$ と 2.0 の結果を示します．この場合は雲の計算は行っていません．図 9.7 は中央断面内の流れの様子であり，上流から放出した粒子の軌跡で流れ場を表示しています．$Fr = 0.5$ の場合には成層度は強く，風上から出発した粒子はほぼ直線的に進んでいます．そして，山の背後には到達できないことがわかります（ブロッキング）．図 9.8 は地面に平行で山の高さの 1/2 の位置での断面内の粒子の軌跡ですが，山の高さより低い場所から出発した粒子はこの図のように水平断面内を大きく迂回することがわかります．なお，図の直線の交点が山の頂上の位置を示しています．一方，図 9.7 で成層度の弱い $Fr = 2.0$ の結果では粒子は山を越えたあと，山によって乱された流れに巻き込まれて流れていく様子が見られます．

　次に雲を発生させた結果を示します．図 9.9 は空気の湿度が 70%，気温減率が 8°C/km，風速が 10m，フルード数が 1.73 の結果で，いくつかの時刻における粒子の軌跡と雲を同時に表示した図です．この図から，粒子の軌跡が波打っている場所で雲が発生していることがわかります．特に山のすぐ後方でいったん下降した流れがすぐに上昇気流となり大きな雲を発生させています．一方，下降気流のある場所では雲は発生していません．

　図 9.10 は空気の湿度を 50 %，70 %，90 % と変化させたときの雲の形状の違いを図示したものです．予想されるとおり，湿度が高いほど広範囲に雲ができていることがわかります．また山の後方において，はじめに発生する雲の位置はほぼ同じです．雲の頂上と雲底の高さを比較したものが図 9.11 ですが，雲底の高さは湿度が高いほど低くなりますが，雲の頂上の高さは湿度によらずほぼ一定であることがわかります．図 9.12, 13 は湿度が 50 % と 70 % での雲の発生を時間を追って示した図であり，図 9.12 は横から見た図，図 9.13 は鳥瞰図です．

◆Fr=0.5　　　　　　　　　　　　　　　◆Fr=2.0

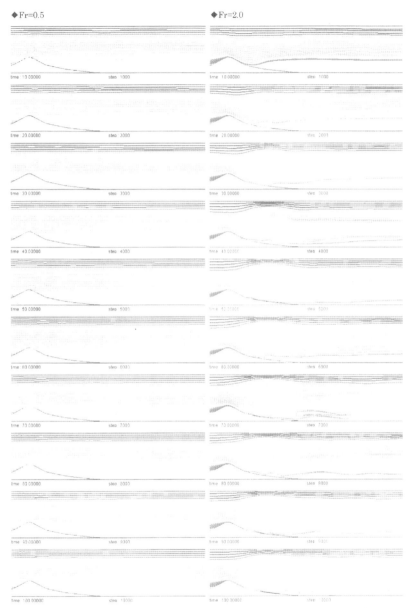

図 9.7　中央断面内の流線の時間変化（左 $F_r = 0.5$, 右 $F_r = 2.0$）

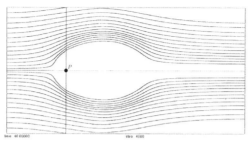

図 9.8 高さ 2 km の水平面内の流線（山頂は P 点）

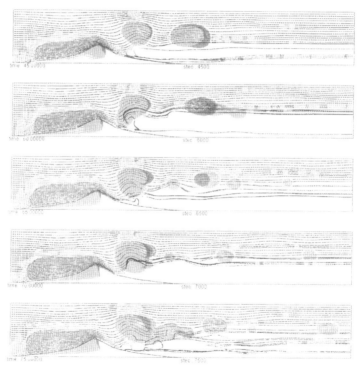

図 9.9 流れの様子と雲の位置（湿度 70 %，気温減率 8°C/km，風速 10 m/s，$F_r = 1.73$）

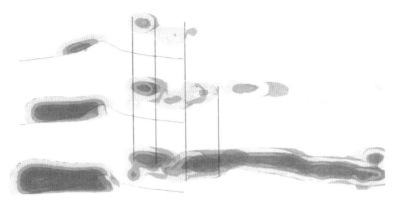

図 9.10　湿度変化による雲の差（上から順に 50 %，70 %，90 %）

図 9.11　湿度変化による雲頂高さの比較（左から順に 50 %，70 %，90 %）

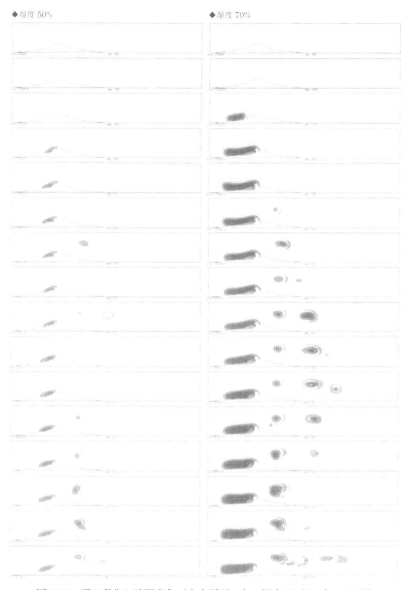

図 9.12　雲の発生と時間変化（中央断面，左：湿度 50 %，右：70 %）

◆湿度 50%　　　　　　　　　　　　　◆湿度 70%

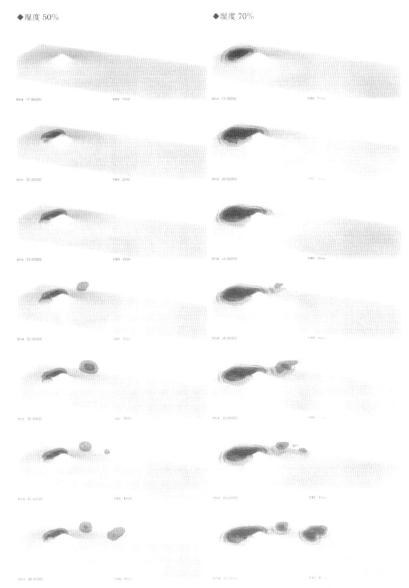

図 9.13　雲の発生と時間変化（鳥瞰図, 左：湿度 50 %, 右：70 %）

次に気温減率の変化が雲の発生に及ぼす影響を調べてみます．図9.12は気温減率が5，6.5，8°C/kmの結果です．この結果から気温減率が大きいほど広範囲に雲が発生することがわかります．これは気温減率が大きいほどフルード数は大きくなり密度成層の効果が弱まり，大気が乱れて上昇気流が発生しやすくなるためであると解釈できます．図9.15は雲底と雲の頂上の位置を比較した図ですが，気温減率が大きいほど雲底は低くなります．これは気温の下がり方が大きいため，低い位置で露点に達するためだと解釈できます．

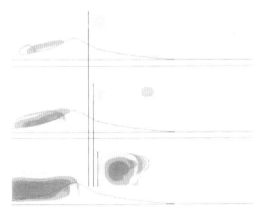

図9.14　気温減率が雲の前後位置に及ぼす影響（上から順に$\gamma = 5, 6, 8$°C/km）

図9.15　気温減率が雲の上下位置に及ぼす影響（左から順に$\gamma = 5, 6, 8$°C/km）

最後に風速を5，10，15m/sと変化させた結果を図9.16に示します．風速が大きいほど雲が広範囲に発生し量も多くなっています．また形状も風速が大きいほど横に長くなっています．また図9.17に示すように風速が大きい場合には，形状の変化も大きくなることがわかります．

以上，雲の発生の簡単なシミュレーション例を示しました．多くの近似を用い，また計算格子数や雲の粒子数も少ないにもかかわらず，独立峰にみられる笠雲や吊し雲に近い雲が再現でき，物理的に見ても妥当な結果が得られていま

す．ただし，凝結による潜熱の放出を考慮していないことや風上側の限られた位置だけから粒子を入れているなどが原因で，全体的に雲が山の風上側にできる傾向が見られます．

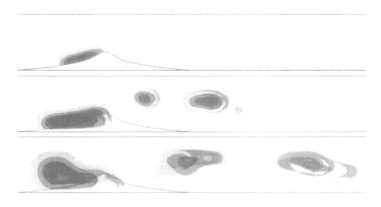

図 9.16　風速が雲に及ぼす影響（上から順に 5，10，15 m/s）

◆風速 5.0m/s　　　　　　　　　◆風速 15.0m/s

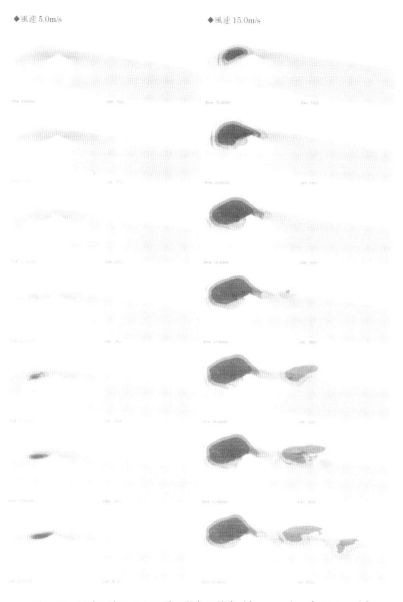

図 9.17　風速の違いによる雲の発生と発達（左：5 m/s，右：15 m/s）

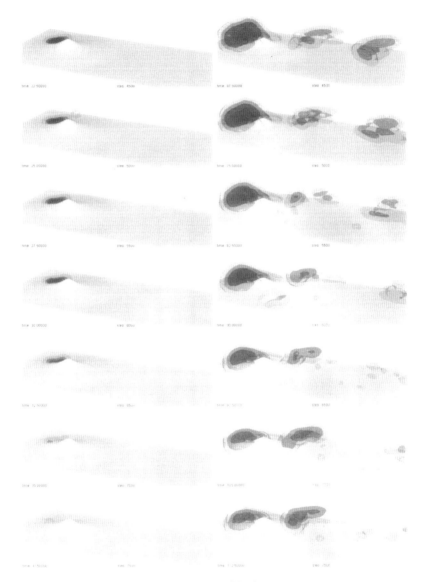

図 9.17 の（続き）

Appendix A

リーマン面における仮想的な流れ

　数値シミュレーションは数値実験ともよばれますが，現実には起こりえ得ない仮想的な状況もコンピュータの中で簡単につくり出すことができます．その例として本付録ではリーマン面内の楕円柱まわりの流れをとりあげます．

　はじめに**リーマン面**について簡単に述べます．例として複素関数

$$w = z^{1/2} \tag{A.1}$$

を考えます．z を**極形式**

$$z = re^{i\theta} = re^{i\theta + 2n\pi i} \quad (n : 整数,\ 0 \leq \theta < 2\pi) \tag{A.2}$$

で表し，式 (A.1) に代入すると

$$w = r^{1/2} e^{i\theta/2} e^{in\pi}$$

すなわち

$$w = r^{1/2} e^{i\theta/2} \ (n : 偶数), \quad w = -r^{1/2} e^{i\theta/2} \ (n : 奇数)$$

となります．このことは z 面で 1 点を表す $z = re^{i\theta + 2n\pi i}$ が，w 面では n が偶数か奇数かに応じて上半平面にある点または下半平面にある点に写像されることを意味しています．すなわち，$w = z^{1/2}$ は 1 つの z に対応して 2 つの値をとる **2 価関数**になっています（図 A.1）．したがって，w 面全体を z 面で表現するには 2 枚の z 面が必要になります．すなわち，1 枚は（$2n\pi$ の不定性を除いて）$0 \leq \theta \leq 2\pi$ で，もう 1 枚は $2\pi \leq \theta \leq 4\pi$ です．この 2 つの面をたとえば図 A.2 に示すように実軸の正の部分でつながるようにします．このとき原点まわりの閉曲線を考えると，切れ目から 1 枚目を通って 1 周すると 2 枚目に入り，2 枚目を 1 周すると 1 枚目に戻ることになります．このようにしてつくった面を，（$z^{1/2}$ に対する）リーマン面といいます．重要なことは原点を 2 周してはじめて同じ点に戻ると考えた点で，このようにすれば関数の 2 価性を解消

することができます．切れ目は原点を出発して無限遠に到達する自分自身は交わらない曲線であれば任意に選ぶことができます．このとき切れ目を横切るときもう1方の面に入ると約束します．なお，$w = z^{1/m}$（m：正の整数）に対するリーマン面は m 枚あり，$w = \log z$ に対してはリーマン面は無限枚必要になります．

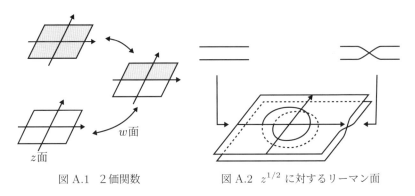

図 A.1　2価関数　　　　図 A.2　$z^{1/2}$ に対するリーマン面

　以下，$z^{1/2}$ のリーマン面に楕円柱があるときの流れをシミュレーションしてみます．円柱まわりの流れの計算法は「流体シミュレーションの応用 I」で述べましたが，ここでは流れ関数－渦度法ではなくフラクショナルステップ法を用いることにします．物理的には現象は 2π 周期ですが，それをわざと 4π 周期とし，周方向の格子数も2倍とします．表示するときは，2つの図が重ならないように，たとえば $0 \leq \theta \leq 2\pi$ と $2\pi \leq \theta \leq 4\pi$ を別々とします．

　以下にレイノルズ数が 100 の場合ついて計算結果を示します．遠方において x 軸に平行な一様流という条件を課した場合には特別なことは起きません．すなわち，1枚目のリーマン面と2枚目のリーマン面での結果は同一でこれらはふつうに 2π 周期で計算した場合と同じ結果，いいかえれば，2重がさねの流れになります．1枚目も2枚目も同じ境界条件を与えたためある意味，当然の結果と言えます．

　次に1枚目のリーマン面では x 軸に対して 30° の角度で楕円柱に流れがあたり，2枚目のリーマン面では $-30°$ の角度で流れがあたる場合の計算結果を示します．ただし，遠方の境界条件として楕円柱の後半分は自由流出（速度・圧力ともにひとつ内側の値と等しくとる）としています．図 A.3 に1枚目のリー

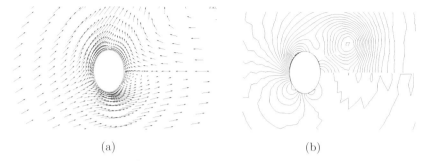

(a)   (b)

図 A.3　1 枚目のリーマン面における速度場と圧力場

マン面における速度ベクトルと等圧線を示します．x 軸の正の部分で流れが不連続になっています．

表示方法を変えて図 A.4 は 1 枚目のリーマン面の下半分と 2 枚目のリーマン面の上半分を表示したものです．リーマン面は 1 枚目も 2 枚目も連続的につながっているので，このような表示には意味があります．x 軸の負の側では 2 枚のリーマン面における境界条件を反映して方向の違った速度ベクトルが 2 重に表示されています．楕円柱後方では楕円柱に同じ速さで近づく流れが当たっていることになるため，後流部分は狭く上下対称になっています．図 A.5 は 1 枚目のリーマン面の上半分と 2 枚目のリーマン面の下半分を表示した図です．図 A.4 とは逆に，楕円柱後方では楕円柱に同じ速さで遠ざかる流れが当たっていることになるため，後流は広く上下対称になっていることがわかります．

言われてみれば当然かも知れませんが，2 つの世界（リーマン面）が同じ物

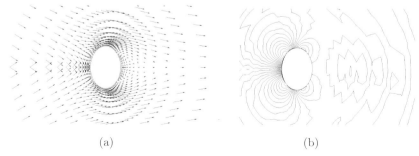

(a)   (b)

図 A.4　1 枚目下半分と 2 枚目上半分における速度場と圧力場

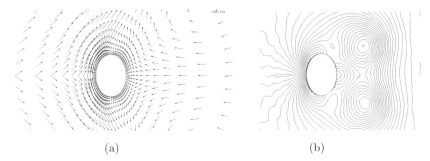

(a)　　　　　　　　　　　　(b)

図 A.5　1枚目上半分と2枚目下半分における速度場と圧力場

理法則に支配されていても境界条件によって，まったく同じ現象が起きていたり，違った世界になったりしていることがシミュレーションからわかります．流れの種類を変化させたり，リーマン面を変化させたりすると何か新しい発見があるかも知れません．

Appendix B

超立体まわりの流れ

　Appendix A では仮想的な流れとしてリーマン面内の円柱（楕円柱）まわりの2次元流れを取り上げました．Appendix B ではもうひとつの仮想的な流れとして，4次元空間内の物体（超立体）まわりの流れを，物体として超球（超楕円体）を例にとって示すことにしますす[*1]．ただし，4次元空間でもナビエ・ストークス方程式が（次元を1つあげるだけで）そのままの形で成り立つとします．

　超球は2次元では円，3次元では球になりますが，それぞれに一様流があたったとき，どのような流れになるかは，本シリーズ「流体シミュレーションの応用I」で示しました．すなわち，レイノルズ数があまり大きくない場合は，円や球の下流側に双子渦ができます．円と球を比べると球の渦の方が下流側に短くなっています．このことは円に比べて球の方がまわりから流体が多くまわり込めるためだと解釈できます．なお，球の場合は軸対称性を仮定した計算であり，双子渦というのは輪（ドーナツ）状の渦の1断面を見ていることになります．レイノルズ数を上げると，対称性が崩れて，円の場合はカルマン渦に，球の場合はらせん状の渦になります．

　このことの類推から4次元の超球に一様流が当たった場合にもレイノルズ数があまり大きくない場合には下流側に双子渦ができ，その長さは球よりもさらに短くなるのではないかと予想されます．ただし，4次元の表示はできないため，たとえば4番目の座標値が一定の断面（3次元空間）を，一定値を変化させて，何種類か表示することになります．次元をひとつ落として，球の場合にこの表示をあてはめると，球を表示するのに，球を z 軸に垂直ないくつかの断面で切ることになり，各断面では半径が異なるいくつかの円として表示されます．たとえば，半径1の球に対して z を連続的に負の側から正の側に変化させ

[*1] Tetuya Kawamura: Numerical simulation of the flow around a four dimensional sphere in a four dimensional duct, Natural Science Report, Ochanomizu University, Vol. 72, No.1 (to appear).

ると，$z = -1$ のとき1点が現れ，それが円状に広がり，$z = 0$ で最大の半径1になり，その後は徐々に狭まって，$z = 1$ で1点になって，それ以降は消えます．半径1の超球の場合も4番目の座標を連続的に変化させると1点から始まり，半径が増加する球となり，最大半径1の球を経て，半径が減少し1点となり，その後消えます．

　それではシミュレーションについて考えてみます．流れを解く場合にフラクショナルステップ法を使うとすれば，基礎方程式は，仮速度の方程式（x 方向のみ記します）

$$\frac{u^* - u}{\Delta t} + u\frac{\partial u}{\partial x} + v\frac{\partial u}{\partial y} + w\frac{\partial u}{\partial z} + s\frac{\partial u}{\partial r} = \frac{1}{Re}\left(\frac{\partial^2 u}{\partial x^2} + \frac{\partial^2 u}{\partial y^2} + \frac{\partial^2 u}{\partial z^2} + \frac{\partial^2 u}{\partial r^2}\right) \tag{B.1}$$

圧力のポアソン方程式

$$\frac{\partial^2 p}{\partial x^2} + \frac{\partial^2 p}{\partial y^2} + \frac{\partial^2 p}{\partial z^2} + \frac{\partial^2 p}{\partial r^2} = \frac{1}{\Delta t}\left(\frac{\partial u^*}{\partial x} + \frac{\partial v^*}{\partial y} + \frac{\partial w^*}{\partial z} + \frac{\partial s^*}{\partial r}\right) \tag{B.2}$$

および，次の時間ステップの速度を求める方程式（x 方向のみ記します）

$$u^{n+1} = u^* - \Delta t\frac{\partial p}{\partial x} \tag{B.3}$$

になります．ただし，4番目の座標を r，4番目の速度成分を s としています．

　以下，この方程式を用いて，x 方向に長い超ダクト内に，超球がある流れをシミュレーションしてみます．なお，直交等間隔格子を用いて計算するため，超球はマスクとして表現します．このとき直径1の超球内の格子点は，中心を原点としたとき，

$$x_i^2 + y_j^2 + z_k^2 + r_l^2 \le 1/4$$

を満たす格子点になります．そこでマスクを表す配列 $MSK(i,j,k,l)$ の値を，この条件を満足する場合を0，満足しない場合を1として定義して，時間ステップごとに各速度成分にマスク配列を掛けることにより超球が表現できます．なお，このようにして定義したマスク配列はそのままにして，各方向の格子間隔を変化させることにより，超球を超楕円体に変化させることができます．

　速度の境界条件は，入口では $(u,v,w,s) = (1,0,0,0)$，出口では各速度成分の微分が0，他の壁面ではすべて0とします．圧力の境界条件は壁面に垂直方

向の微分を 0 とします．初期条件は格子点で $(u, v, w, s) = (1, 0, 0, 0), p = 0$ と設定しました．なお，レイノルズ数を比較的小さく設定したため，すべての空間微分は中心差分で近似しています．

　以下，計算結果を示します．格子数は x 方向に 40，他の方向には 20 です．超楕円体まわりの流れで，格子幅は $6 : 5 : 4 : 3$ としています（最小格子幅は 0.2）．このとき，超楕円体の最短直径の長さは 2，最長直径の長さは 4 で，中心は x 方向にダクトの前から 1/4 で，他の方向に中央に位置にあるとします．また，ダクトの辺の長さは (x, y, z, r) 方向に $(16, 20/3, 16/3, 4)$ です．なお，楕円体の最短直径を基準とするレイノルズ数は 50 です．

　図 B.1 は 4 次元領域の中央部での流れ方向の速度成分の時間変化を示しています．およそ 700〜800 ステップ（$\Delta t = 0.01$）後に定常状態に落ち着いています．図 B.2〜B.4 に r を変化させて，断面の楕円体の大きさを変化させたときの 1000 ステップでの計算結果を示します．図 B.2 は超楕円体の断面の楕円体が一番大きな断面での速度分布です．図 B.3 は少し楕円体が小さくなった断面での速度ベクトル，図 B.4 は楕円体がさらに小さくなった断面における速度ベクトルです．図 B.2 と図 B.3 では円柱背後に渦輪（双子渦）が発生していますが，通常の 3 次元の場合に比べて渦が小さくなっています．また，図 B.5 では渦は観察されません．

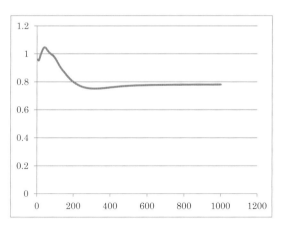

図 B.1　流れ方向の速度の大きさの時間変化

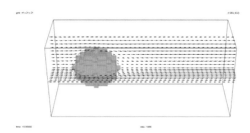

図 B.2　超楕円体の大きさが最大になるときの xyz 空間の速度ベクトル

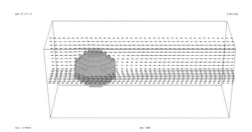

図 B.3　r 方向に少し移動した場合の xyz 空間の速度ベクトル

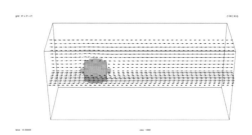

図 B.4　r 方向にさらに移動した場合の xyz 空間の速度ベクトル

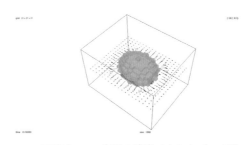

図 B.5　yzr 空間の速度ベクトル（yz 面）

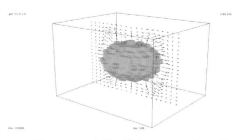

図 B.6　yzr 空間の速度ベクトル（yr 面）

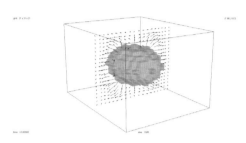

図 B.7　yzr 空間の速度ベクトル（zr 面）

　図 B.5〜B.7 は少し見慣れない図ですが，x 軸に垂直で超楕円体の中心を通る断面（3 次元空間）での速度ベクトルです．左方向が y 方向，手前方向が z 方向，上方向が r 方向であり，それぞれ各軸に垂直な面内の速度を表示しています．ただし，矢印の長さは図 B.2〜B.4 の 20 倍にとっています．

　次にレイノルズ数を高くした結果（$Re = 3000$）を示します．非線形項に中心差分を使うと計算が発散するため，3 次精度上流差分法（ただし，境界より流体側の 1 格子では 1 次精度上流差分法）を用いています．4 次元性の効果を分かりやすくするため，対称性のよい超球を障害物にしています．格子点数は $61 \times 31 \times 31 \times 31$（約 180 万点）で各方向に等間隔（格子幅 0.2）にとっています．なお，以下の結果は 2000 ステップ（時間幅 0.01）のものです．

　このレイノルズ数は，3 次元の球まわりの流れにらせん状の渦が観察される領域です．図 B.8 と図 B.9 はそれぞれ xyz 空間における超球の中心を通る xy 面および xz 面での速度ベクトルです．図 B.9 は確かにらせん状の渦の断面になっています．もし流れが 3 次元であれば，xy 断面においても後流が長くのびてどこかで渦を切るはずです．しかし，図 B.8 では後流部分は短く，球のす

ぐ後にある短い渦の断面になっています．これは3次元では不可能な流れであるため，流れに4次元性が現れている（流れが4番目の方向に吸い込まれている）ことがわかります．図 B.10 は xyz 空間の xy 面（流出口から内側にダクトの 1/6 の長さの位置）の速度でベクトルです．ただし，ベクトルの長さは図 B.8，B.9 の2倍にとっています．

　なお，計算から得られた圧力を用いて抵抗係数を計算すると 0.24 となり，3次元の球のおよそ半分の値であることがわかりました．

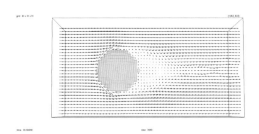

図 B.8　超球まわりの $Re = 3000$ の流れ（xyz 空間内の xy 面）

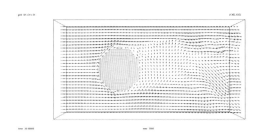

図 B.9　超球まわりの $Re = 3000$ の流れ（xyz 空間内の xz 面）

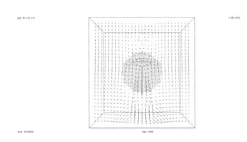

図 B.10　超球まわりの $Re = 3000$ の流れ（xyz 空間内の yz 面）

なお，障害物を表すマスクの配列をいろいろ変化させると，あまり見たこともない流れをつくることができるため，何か新しい発見があるかも知れません．たとえば，超ダクト内において，マスクとして，x 方向には短い区間，y と z 方向には全区間，r 方向には下半分の区間をそれぞれ 0 にしたものを用いてシミュレーションしたとします．このとき，r について下側 1/4 の位置で結果を 3 次元表示すると，x 軸に垂直な短い区間において障害物がダクトを完全にふさいだ形になります．それでも流体は流れることができて，障害物に近づくほど流体がどこかに吸い込まれて流速は減り，障害物から下流側に離れるとどこからか湧き出す流れになるはずです．このことは流れが，表示できない 4 番目の座標である r 方向に迂回したと考えれば理解できます（図 B.11 参照）．

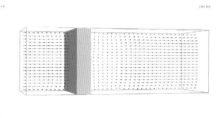

図 B.11　4 次元ダクト内にある 3 次元直方体障害物まわりの流れ

Index

インデックス出版

https://www.index-press.co.jp/

インデックス出版　コンパクトシリーズ

★ 数学 ★

本シリーズは高校の時には数学が得意だったけれども大学で不得意になってしまった方々を主な読者と想定し，数学を再度得意になっていただくことを意図しています．

それとともに，大学に入って分厚い教科書が並んでいるのを見て尻込みしてしまった方を対象に，今後道に迷わないように早い段階で道案内をしておきたいという意図もあります．

◎微分・積分　◎常微分方程式　◎ベクトル解析　◎複素関数
◎フーリエ解析・ラプラス変換　◎線形代数　◎数値計算

「FEM すいすい」 シリーズは、

"高度な解析"と"作業のしやすさ"を両立させた、

FEM（有限要素法）による解析ソフト

です。本ソフトウェアだけで「モデルの作成」「解析」「結果の表示」ができます。
最新のパソコン環境にも合わせて効率よく作業ができるように工夫されています。

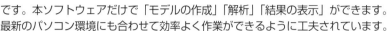

すいすい入力	すいすい解析	すいすい利用
条件作成に時間がかかっていませんか？	解析が収束しないことはありませんか？	古いソフトをだましだまし使っていませんか？
FEMすいすいにおまかせ	FEMすいすいにおまかせ	FEMすいすいにおまかせ

製品の特長

■モデル作成がすいすいできる

分割数指定による自動分割（要素細分化）機能を搭載し、自動分割後の細部のマニュアル修正も可能。
また、モデル作成（プリ）から解析（ソルバー）および結果の確認（ポスト）までを1つのソフトウエアに搭載し、解析作業を効率的に行えます。

■ UNDO REDO 機能で無制限にやり直せる

モデル作成時、直前に行った動作を元に戻す機能を搭載しています。

■施工過程に応じた解析が簡単

地盤の掘削、盛土などのステージ解析を実施することができます。ステージごとに、材料定数の変更、境界条件の変更が可能です。

■線要素の重ね合せで複雑な構造も簡単

例えば、トンネルで一次支保工と二次支保工を別々にモデル化することができます。

■線要素間の結合は剛でもピンでも

線要素間の結合は「剛結合」に加え「ピン結合」も選択することができます。

■ローカル座標系による荷重入力で簡単、スッキリ

荷重の作用方向は、全体座標系に加えローカル座標系でも指定することができます。
分布荷重の作用面積は、「射影面積」あるいは「射影面積でない」から選択することができます。

■飽和不飽和の定常解析と非定常解析が可能

飽和不飽和の定常／非定常の浸透流解析が可能です。

■比較検討した場合の結果図の貼り付けが簡単

比較検討した場合のモデルや変位などの表示サイズを簡単に合わせることができます。

■数値データ出力が簡単

画面上で選択した複数の節点／要素の数値データをエクセルに簡単に貼り付けることができます。

「FEM すいすい」 価格

応力変形	165,000 円	
浸透流	220,000 円	
圧密	275,000 円	
応力変形 + 浸透流 + 圧密（アカデミック版）	0 円	1000節点まで

本ソフトウェアは前田建設工業（株）で開発され長年使用されている実績あるFEM解析ソフトのプリポスト機能を改良強化したものです。

【著者紹介】

河村哲也（かわむら てつや）

お茶の水女子大学名誉教授
放送大学客員教授

コンパクトシリーズ流れ 流体シミュレーションのヒント集

2021 年 5 月 31 日　初版第 1 刷発行

著　者　河 村 哲 也
発行者　田 中 壽 美

発 行 所　インデックス出版
〒 191-0032　東京都日野市三沢 1-34-15
Tel 042-595-9102　Fax 042-595-9103
URL：https://www.index-press.co.jp

Printed in Japan　ISBN978-4-910058-11-5 C3042
　　　　　　　　　　　　　　　　　　乱丁，落丁本はお取替えいたします.